AF389292

ARITHMÉTIQUE

COURS COMPLET.

ARITHMÉTIQUE

COURS COMPLET

A L'USAGE

DES ÉLÈVES DES LYCÉES ET DES COLLÉGES

ET DES CANDIDATS AUX ÉCOLES DU GOUVERNEMENT

(Conforme au dernier programme)

PAR

J. E. BISSEUIL

Ex-Professeur de mathématiques de l'Université,
Professeur de Géométrique et de Géométrie descriptive
aux Classes de la Société Philomathique

DEUXIÈME ÉDITION.

BORDEAUX

IMPRIMERIE DE LA GUIENNE (Bᵗ Vᵒ J. DUPUY)

rue Gouvion, 20,

1870

ARITHMÉTIQUE

COURS COMPLET

DÉFINITIONS.

1. — On appelle *grandeur* ou *quantité* tout ce qui est susceptible d'augmentation ou de diminution.

Une quantité est appelée *discontinue*, quand elle se compose d'objets ou d'individus naturellement distincts ou séparés. Exemple : Un troupeau de moutons, un panier d'oranges.

Une quantité est appelée *continue*, quand elle ne se compose pas d'individus ou d'objets séparés, et qu'elle peut croître ou décroître d'aussi peu que l'on voudra. Exemple : Une surface, un bloc de marbre.

Pour se faire une idée exacte d'une quantité, il faut la mesurer, c'est-à-dire la comparer à une autre quantité de même espèce, qu'on appelle unité.

L'*unité* est donc une quantité servant à mesurer toutes les quantités de même espèce qu'elle.

Si la quantité est discontinue, l'unité est l'un des objets ou individus qui la composent; ainsi l'unité, dans une réunion de navires, sera le navire.

Si la quantité est continue, le choix de l'unité est arbitraire.

2. — Lorsqu'on compare une grandeur avec son unité, on obtient, comme résultat de la comparaison, un nombre.

Le *nombre* exprime combien de fois une grandeur contient son unité, ou combien elle vaut de parties de l'unité divisée en parties égales. De là, deux espèces de nombres : le nombre *entier* qui est une réunion d'unités entières, la *fraction* qui est une ou plusieurs parties de l'unité partagée en parties égales.

On donne le nom de nombre *fractionnaire* à un nombre composé d'un nombre entier et d'une fraction.

L'arithmétique apprend à former les nombres, à les énoncer, à les combiner entre eux et à en connaître les propriétés.

NUMÉRATION.

La *numération* est l'art de former les nombres et de les exprimer.

Il y a deux numérations : la numération *parlée* et la numération *écrite*.

§ Ier. **Numération parlée.**

3. — La *numération parlée* est l'art de former autant de nombres qu'on veut et de les énoncer avec très-peu de mots.

On a regardé l'unité comme le premier des nombres, que l'on a appelé *un ;* en ajoutant l'unité au nombre *un*, on a formé un autre nombre appelé *deux ;* en ajoutant l'unité à *deux*, on a eu le nombre *trois*. On a formé de la même manière les nombres *quatre, cinq, six, sept, huit, neuf* et *dix*.

Arrivé là, on a considéré l'ensemble de toutes les unités qui composent le nombre *dix* comme un seul tout, dont on a fait un second ordre d'unités appelées *dizaines ;* puis on a compté par *dizaines* comme on avait compté par *unités*, c'est-à-dire, jusqu'à *dix*. Le nombre comprenant *dix dizaines* a été nommé *centaine*.

Pour avoir les nombres compris entre deux nombres consécutifs de dizaines, on a mis après chaque dizaine les noms des neuf premiers nombres. Ainsi l'usage ayant voulu qu'on donnât aux dizaines des noms particuliers : *dix, vingt, trente, quarante, cinquante, soixante, soixante-dix, quatre-vingts, quatre-vingt-dix*, on a placé entre chacun de ces noms ceux des neuf premiers nombres, et l'on a eu, par exemple, *vingt-un, vingt-deux... vingt-neuf*. Il faut excepter les six premiers nombres, venant entre la première et la seconde dizaine, qui, au lieu de s'appeler *dix-un, dix-deux*, etc., s'appellent *onze, douze, treize, quatorze, quinze, seize*.

La *centaine* a été considérée, à son tour, comme un troisième ordre d'unités avec lesquelles on a compté jusqu'à dix, en disant : *cent, deux cents, trois cents*, etc., jusqu'à un nombre contenant dix centaines, que l'on a appelé *mille*.

Tous les nombres compris entre deux nombres consécutifs de centaines ont été obtenus en plaçant après chaque centaine les noms des *quatre-vingt-dix-neuf* premiers nombres.

Nous pouvons maintenant considérer la numération comme

terminée; car *mille* sera regardé comme une unité d'une nouvelle *classe*, et l'on recommencera à compter avec le *mille* de manière à former absolument les mêmes nombres que l'on a faits en comptant avec l'unité simple. On aura donc une nouvelle *classe* comprenant les *unités de mille*, les *dizaines de mille* et les *centaines de mille;* en sorte que cette classe se composera, elle aussi, de trois ordres d'unités, qui feront suite aux trois premiers et, comme ceux-ci, se composeront toujours de dix unités de l'ordre précédent. On arrivera ainsi à *mille mille*, nombre qu'on appellera *million*. Ce sera une troisième *classe* d'unités, composée, elle aussi, de trois ordres.

Après la classe des *millions*, viendra celle des *billions* ou *milliards*, celle des *trillions*, celle des *quatrillions*, celle des *quintillions*, etc.

4. — Ce système de numération s'appelle *numération décimale*, parce que chaque ordre d'unités se compose de *dix* unités de l'ordre immédiatement précédent. La *base* de ce système est dix. On concevra, par analogie, un système dont la base serait tout autre nombre. C'est ainsi que, dans une numération dont la base serait douze, chaque ordre d'unités vaudrait douze unités de l'ordre immédiatement inférieur.

§ 2. Numération écrite.

5. — La *numération écrite* est l'art d'exprimer tous les nombres que l'on veut, avec très-peu de signes. A cet effet, on est convenu de représenter chacun des neuf premiers nombres par les signes suivants, appelés chiffres : 1, 2, 3, 4, 5, 6, 7, 8, 9.

On a aussi adopté un dixième caractère que l'on nomme *zéro* (0) et qui n'a aucune valeur par lui-même.

On est convenu ensuite que chacun des neuf premiers chiffres adoptés aurait deux valeurs : une valeur absolue dépendant de sa forme, et une valeur relative dépendant de sa position, comme l'indique le principe suivant : *Dans la numération décimale, tout chiffre placé à la gauche d'un autre exprime des unités dix fois plus fortes que celles de cet autre.*

D'après cela, si un chiffre est écrit seul, il représente des unités simples; ainsi 7 se lira *sept unités* ou simplement *sept*. Si deux chiffres composent un nombre comme 87, le premier à droite exprimera des unités et le second des dizaines; le nombre devra donc se lire : *quatre-vingt-sept*. Trois chiffres de suite, comme

387, représentent un nombre composé d'unités, de dizaines et de centaines ; on devra lire : *trois cent quatre-vingt-sept.*

Comme chaque classe d'unités ne comprend que trois ordres, il suffit de savoir énoncer au plus trois chiffres ensemble. En effet, si un nombre avait cinq chiffres, par exemple, les trois premiers à droite représenteraient les trois ordres d'unités simples, et les deux autres représenteraient les deux premiers ordres de la classe des mille. Ainsi 56387 devra se lire : *cinquante-six mille trois cent quatre-vingt-sept.*

Pour lire un nombre, on le partagera donc en tranches de trois chiffres, la dernière tranche à gauche pouvant être complète ou incomplète. On commencera par lire les chiffres qui appartiennent à la tranche des plus fortes unités, puis on lira successivement ceux des autres tranches, en nommant la classe d'unités qu'ils représentent.

Pour écrire un nombre, il faut commencer par les unités les plus fortes, et observer de placer chaque chiffre de manière à ce qu'il représente bien l'ordre énoncé. A cet effet, on remplace par le caractère zéro (0) les ordres manquants.

CHAPITRE II.

OPÉRATIONS DE L'ARITHMÉTIQUE.

On appelle *opérations*, les différentes manières de combiner les nombres.

Les opérations de l'arithmétique se réduisent à quatre, qui sont : *l'addition*, la *soustraction*, la *multiplication* et la *division.*

§ 1er. **Addition.**

6. — *L'addition est une opération qui a pour but de réunir en un seul plusieurs nombres de même espèce.* Le résultat de l'opération se nomme SOMME OU TOTAL.

1er cas. Le premier cas de l'addition est celui où l'on doit réunir un nombre d'un seul chiffre avec un autre nombre quelconque. Soit 17 un nombre quelconque auquel il faut ajouter le nombre d'un seul chiffre 5. Il suffira évidemment d'ajouter à 17 successivement toutes les unités qui sont dans le nombre 5.

Ainsi on dira : 17 et 1 font 18 ; 18 et 1 font 19 ; 19 et 1 font 20 ;

20 et 1 font 21 ; 21 et 1 font 22; et l'on trouve ainsi que la somme demandée est 22.

On doit acquérir l'habitude de trouver du premier coup le résultat de ces sortes d'opérations, en disant : 17 et 5 font 22.

2° cas. Le deuxième cas de l'addition est celui où l'on a à additionner deux ou plusieurs nombres quelconques de plusieurs chiffres.

Soient les nombres 9875, 687, 1849 et 976 à additionner ensemble, ce qui s'indique en plaçant entre les nombres le signe (+), appelé signe *plus*, de cette manière : 9875 + 687 + 1849 + 976,

On fera évidemment la somme de ces nombres, en additionnant ensemble les diverses unités du même ordre dont ils se composent, c'est-à-dire, les unités simples avec les unités simples, les dizaines avec les dizaines, les centaines avec les centaines, etc. Commençant par les unités, nous dirons : 5 unités et 7 font 12, et 9 font 21, et 6 font 27 ; en 27 il y a 7 unités et 2 dizaines. On écrira les 7 unités ; mais, comme on doit ajouter ensemble les unités de même ordre, on retiendra les 2 dizaines pour les ajouter avec les autres dizaines des nombres proposés, et l'on dira : 2 dizaines de retenue et 7 font 9 dizaines, et 8 font 17, et 4 font 21, et 7 font 28 ; dans 28 dizaines, il y a 8 dizaines et 2 centaines. On écrira les 8 dizaines à la gauche des 7 unités précédemment obtenues ; mais on retiendra les 2 centaines pour les ajouter avec les autres. On dira donc : 2 centaines de retenue et 8 font 10, et 6 font 16, et 8 font 24, et 9 font 33. Comme 33 centaines valent 3 centaines et 3 mille, on écrira les 3 centaines à la gauche des dizaines, mais on retiendra les 3 mille pour les ajouter avec les autres. On dira donc : 3 mille de retenue et 9 font 12, et 1 font 13, et l'on écrira 13 mille à la gauche des centaines précédemment obtenues. Le total ou la somme demandée est 13387. On indique que ce nombre est le résultat cherché, en l'écrivant à la droite de l'opération indiquée, après le signe = appelé signe *égale* : 9875 + 687 + 1849 + 976 = 13387.

D'après ce qui précède on voit que *pour additionner ensemble plusieurs nombres donnés, on fait la somme de toutes les unités de même ordre que contiennent ces nombres; lorsque cette somme ne dépasse pas 9, on l'écrit telle quelle ; mais si elle dépasse 9, on écrit les unités qu'elle contient, et on retient les dizaines, pour les ajouter à l'ordre d'unités suivant.*

Pour opérer plus commodément, on est convenu de placer les nombres les uns au-dessous des autres, de manière que les unités de même ordre, qui doivent être ajoutées ensemble, se correspondent dans une même colonne verticale ; on tire un trait horizontal sous le dernier nombre pour le séparer du résultat, comme on le voit ci-dessous.

On commence l'opération par la droite, c'est-à-dire, par les unités les plus faibles, à cause des retenues qui, étant de l'ordre suivant, pourront s'additionner avec les unités de cet ordre, dont la somme n'est pas encore faite ; au lieu que si on commençait par les unités les plus fortes, c'est-à-dire par la gauche, il faudrait faire une seconde addition pour joindre les retenues aux unités de même ordre qu'elles.

$$\begin{array}{r} 9875 \\ 687 \\ 1849 \\ 976 \\ \hline 13387 \end{array}$$

La preuve d'une opération est une seconde opération faite pour vérifier la première.

Pour faire la preuve de l'addition, on recommence ordinairement l'opération en additionnant de bas en haut, si la première fois on avait additionné de haut en bas. Nous donnerons bientôt une preuve de l'addition par la soustraction.

§ 2. Soustraction.

7. — *La soustraction est une opération qui a pour but de retrancher un plus petit nombre d'un plus grand nombre de même espèce.* Le résultat se nomme RESTE, EXCÈS OU DIFFÉRENCE.

1ᵉʳ cas. Le premier cas est celui où l'on a à retrancher un nombre d'un seul chiffre d'un nombre quelconque. Soit à retrancher 4 de 19, ce qui s'indique ainsi : 19—4, c'est-à-dire, en écrivant le plus petit nombre à droite du plus grand et en les séparant par le signe (—), appelé *signe moins* ou signe de la soustraction. Il suffira évidemment de retrancher du plus grand nombre autant d'unités qu'il y en a dans le plus petit. On dira donc : 1 ôté de 19, reste 18 ; 1 ôté de 18, reste 17 ; 1 ôté de 17, reste 16 ; 1 ôté de 16, reste 15 ; 15 est donc le résultat demandé. Ce qu'on indique ainsi : 19 — 4 = 15. On doit, par une grande habitude, arriver à trouver sans hésitation le résultat des soustractions de ce genre, en disant : 4 ôté de 19, il reste 15.

2ᵉ cas. Le deuxième cas est celui où l'on doit retrancher deux nombres quelconques de plusieurs chiffres l'un de l'autre. Soit la soustraction 19876 — 5345. Il suffira évidemment de retrancher successivement tous les ordres d'unités du plus petit des unités de même ordre du plus grand. Pour opérer plus facilement on écrira les deux nombres l'un sous l'autre, de manière que les unités de même ordre se correspondent, comme on le voit ci-dessous. On tirera un trait horizontal au-dessous du plus petit nombre, pour le séparer du résultat. Puis on dira : 5 unités ôtées de 6, il reste 1, que l'on écrira sous le trait horizontal ; 4 dizaines ôtées de 7 dizaines, il reste 3 ; 3 centaines ôtées de 8, il reste 5 ; 5 mille ôtés de 9 mille, il reste 4 ; et comme on n'a rien à retrancher du chiffre suivant, on l'écrit tel qu'il est au résultat. On trouve ainsi 14531.

$$\begin{array}{r} 19876 \\ 5345 \\ \hline 14531 \end{array}$$

S'il arrivait qu'un chiffre du nombre inférieur fût plus grand que le chiffre correspondant du nombre supérieur, on ajouterait à ce dernier 10 unités de son ordre, ce qui rendrait toujours la soustraction possible ; ensuite on ajouterait au chiffre suivant du nombre inférieur une unité du même ordre que lui, laquelle vaudrait les 10 unités de l'ordre précédent. De cette manière les deux nombres ayant été augmentés d'une même quantité, leur différence n'aurait pas changé. Ainsi, pour faire la soustraction ci-dessous, on dit : 2 ôté de 5, il reste 3 ; 4 ôté de 12, il reste 8 ; 9 ôté de 11, il reste 2 ; 1 ôté de 6, il reste 5.

$$\begin{array}{r} 6125 \\ 842 \\ \hline 5283 \end{array}$$

L'opération se commence par la droite, précisément pour cette raison que l'on a quelquefois à ajouter à un chiffre du nombre inférieur 10 unités de l'ordre précédent.

Pour faire la preuve de la soustraction, il n'y a qu'à ajouter le plus petit nombre avec le résultat, et si l'opération n'est pas fausse, on doit retrouver le plus grand.

Nous avons dit que nous donnerions une preuve de l'addition par la soustraction.

Reprenons l'addition du paragraphe précédent. Il est clair que si nous faisons l'addition de chacun des ordres d'unités de ces différents nombres, et qu'en même temps nous retranchions des unités de même ordre du total les sommes partielles obtenues, nous devrons arriver à zéro (0) pour reste.

$$\begin{array}{r} 9875 \\ 687 \\ 1849 \\ 976 \\ \hline 13387 \\ 3220 \end{array}$$

Nous dirons donc, en commençant par les plus fortes unités, 9 mille et 1 font 10 ; 10 mille ôtés de 13 mille, il reste 3 mille ; ces 3 mille font 30 centaines, qui, avec les 3 centaines suivantes, donnent

33 centaines. Nous ferons la somme des centaines de la colonne suivante, et nous obtiendrons 31 centaines, que nous retrancherons de 33 centaines ; il nous restera 2 centaines, valant 20 dizaines ; avec les 8 dizaines suivantes nous avons donc 28 dizaines. Nous additionnerons la colonne des dizaines, ce qui nous donnera 26 dizaines ; en les retranchant des 28 dizaines du total, il ne nous restera plus que 2 dizaines ou 20 unités qui, avec 7 unités du total, formeront 27 unités. Si l'opération est juste, la somme des unités de la dernière colonne doit être 27 et, en la retranchant de 27, nous aurons 0. Dans ces sortes de preuves on doit toujours terminer par un 0, si l'opération est juste.

<h3 align="center">§ 3. Multiplication.</h3>

8. — *La multiplication est une opération qui a pour but, étant donnés deux nombres, l'un appelé* MULTIPLICANDE, *l'autre appelé* MULTIPLICATEUR, *d'en chercher un troisième appelé* PRODUIT, *qui se compose avec le multiplicande de la même manière que le multiplicateur se compose avec l'unité.*

Nous distinguerons trois cas dans la multiplication.

1er cas. On a à multiplier un nombre d'un seul chiffre par un autre nombre d'un seul chiffre.

Il est important de connaître d'avance les produits de ces sortes de multiplications. Ils sont contenus dans une table appelée *table de Pythagore.*

1	2	3	4	5	6	7	8	9
2	4	6	8	10	12	14	16	18
3	6	9	12	15	18	21	24	27
4	8	12	16	20	24	28	32	36
5	10	15	20	25	30	35	40	45
6	12	18	24	30	36	42	48	54
7	14	21	28	35	42	49	56	63
8	16	24	32	40	48	56	64	72
9	18	27	36	45	54	63	72	81

Pour dresser cette table on tire dix lignes horizontales que l'on coupe par dix lignes verticales, de manière à former neuf colonnes horizontales superposées, composées chacune de neuf cases. Dans les cases de la première colonne horizontale on écrit les 9 premiers nombres. Pour avoir chacun de ces nombres multiplié par 2, c'est-à-dire, répété 2 fois, il suffira évidemment d'ajouter à lui-même chacun des nombres de la première colonne horizontale ; on dira donc : 1 et 1, 2 ; 2 et 2, 4 ; 3 et 3, 6 ; 4 et 4, 8 ; 5 et 5, 10 ; 6 et 6, 12 ; 7 et 7, 14 ; 8 et 8, 16 ; 9 et 9, 18, et on écrira ces nombres dans les cases de la seconde colonne. Pour avoir le produit de chacun des 9 premiers nombres par 3, produits égaux à chacun de ces nombres répétés 3 fois, il suffira évidemment d'ajouter la première colonne, où ils sont une fois, à la seconde où ils sont 2 fois. On dira donc : 1 et 2, 3 ; 2 et 4, 6, etc., nombres que l'on écrira dans les cases de la troisième colonne. On verrait de même que pour avoir les produits de chacun des 9 premiers nombres par 4, il suffirait d'ajouter les nombres de la première colonne avec ceux de la troisième, et ainsi de suite.

Pour se servir de cette table, on cherchera le multiplicande dans la première colonne horizontale ; on suivra successivement les cases qui sont au-dessous en descendant, jusqu'à ce qu'on soit dans la colonne horizontale commençant par le multiplicateur.

2° cas. On a à multiplier un nombre de plusieurs chiffres par un nombre d'un seul chiffre. Soit 4758 à multiplier par 5, ce qui s'indique de cette manière : 4758 $\times$ 5.

D'après la définition, c'est chercher un nombre qui se compose avec 4758 comme 5 se compose avec l'unité ; or, 5 se compose de l'unité répétée 5 fois, le produit se composera donc de 4758 répété 5 fois ou, ce qui est la même chose, sera la somme de 5 nombres égaux à 4758. Si donc nous faisions par l'addition cette somme, nous aurions le produit demandé. Or, dans cette addition, nous

```
  4758
  4758
  4758
  4758
  4758
 ─────
 23790
```

répétons chacun des chiffres du multiplicande 5 fois ou, en d'autres termes, nous les multiplions par 5, et nous écrivons les résultats comme ceux de l'addition. Il serait donc plus simple d'écrire une seule fois le multiplicande, de placer au-dessous le multiplicateur, en soulignant ce dernier pour le séparer du résultat, puis de faire successivement les produits de chaque chiffre du multiplicande par le multiplicateur.

```
  4758
     5
 ─────
 23790
```

On dira donc 5 fois 8 font 40, je pose 0 et je retiens 4 ; 5 fois 5 font 25 et 4 font 29 ; je pose 9 et je retiens 2 ; 5 fois 7 font 35 et 2 font 37 ; je pose 7 et je retiens 3 ; 5 fois 4 font 20 et 3 font 23, que j'écris au résultat.

9. — Avant d'aller plus loin, nous ferons remarquer que *lorsque le multiplicande ou le multiplicateur deviennent un certain nombre de fois plus grands ou plus petits, le produit devient ce même nombre de fois plus grand ou plus petit.*

Si c'est le multiplicande qui devient, par exemple, 4 fois plus grand sans que le multiplicateur change, on aura alors à répéter un même nombre de fois un nombre 4 fois plus grand, et il est clair que cela donnera un résultat 4 fois plus grand.

Si c'est le multiplicateur qui devient un certain nombre de fois plus grand, 4 fois par exemple, sans que le multiplicande change, alors on aura à répéter le même multiplicande, mais on le répétera un nombre quadruple de fois, ce qui donnera un résultat 4 fois plus grand.

10. — Pour multiplier un nombre par 10, par 100, par 1000, etc., c'est-à-dire pour le rendre 10 fois, 100 fois, 1000 fois, etc., plus grand, il suffit d'écrire à sa droite 1, 2, 3, etc., zéros.

Soit 48; en écrivant un zéro à sa droite, j'aurai 480. Si je compare ce second nombre au premier, je vois que le chiffre 8 qui, dans le premier, exprime des unités, exprime des dizaines dans le second; que le chiffre 4 qui, dans le premier, exprime des dizaines, exprime des centaines dans le second; chaque chiffre du second nombre exprime donc des unités 10 fois plus fortes que dans le premier, et par conséquent le second nombre est 10 fois plus fort que le premier, et peut être regardé comme le premier répété 10 fois ou multiplié par 10. On démontrerait de même que l'on multiplie par 100 en ajoutant 2 zéros à la droite, par 1000 en en ajoutant 3, etc.

3° cas. On a à multiplier un nombre de plusieurs chiffres par un autre nombre de plusieurs chiffres. Soit à multiplier 3647 par 564. Le multiplicateur se composant de 564 nombres égaux à l'unité, le produit doit se composer de 564 fois le multiplicande. Mais comme 564 est égal à 500 + 60 + 4, il s'ensuit que nous aurons à répéter le multiplicande 500 fois, 60 fois et 4 fois, puis à faire la somme de tous les résultats obtenus. Le répéter 4 fois ou multiplier par 4, c'est retomber dans le second cas de multiplication ; cela nous donnera 14588; pour le répéter 60 fois, nous remarquerons que 60 est 10 fois plus fort que 6,

```
    3647
     564
  -------
   14588
  21882
 18235
 ---------
 2056908
```

et que, par conséquent, le produit par 60 doit être 10 fois plus fort que le produit par 6 ; nous ferons donc le produit du multiplicande par 6, ce qui est encore le second cas de la multiplication, puis nous le rendrons 10 fois plus fort en l'écrivant comme un produit de dizaines au lieu de l'écrire comme un produit d'unités ou, en d'autres termes, en plaçant son premier chiffre de droite sous le chiffre des dizaines du produit précédent ; nous aurons ainsi 21882 dizaines. Pour répéter le multiplicande 500 fois, nous le répéterons 5 fois en le multipliant par 5, ce qui est encore le second cas de la multiplication ; puis nous rendrons le résultat 100 fois plus fort en l'écrivant comme un produit de centaines, c'est-à-dire de manière à ce que son premier chiffre de droite soit placé sous le chiffre des centaines des produits précédents. Nous obtenons ainsi 18235 centaines. Il ne nous reste plus qu'à faire la somme de tous ces produits partiels pour avoir le produit demandé, et nous aurons 2056908.

Remarques : 1° Si on avait pour multiplicande et pour multiplicateur des nombres suivis de zéros comme 48000 $\times$ 7200, on saurait faire le produit de 48 par 72 ; ce produit est 3456 ; or si au lieu d'avoir à multiplier 48 par 72 on avait eu à multiplier 48000, le multiplicande se trouvant 1000 fois plus fort, le produit aurait dû se trouver 1000 fois plus fort, c'est-à-dire 3456000. Mais si au lieu d'avoir à multiplier 48000 par 72 on avait eu à multiplier 48000 par 7200, c'est-à-dire par un nombre 100 fois plus fort, le produit aurait dû être encore 100 fois plus fort ou 345600000.

$$
\begin{array}{r}
48000 \\
7200 \\
\hline
96 \\
336 \\
\hline
345600000
\end{array}
$$

On voit donc que, *pour multiplier l'un par l'autre deux nombres suivis de zéros, il faut faire le produit des chiffres significatifs sans faire attention aux zéros, en ayant soin d'écrire ensuite tous ces zéros à la droite du produit.*

2° Le produit de deux facteurs contient autant de chiffres qu'il y en a en somme dans les deux facteurs ou un de moins.

Soit 7824 $\times$ 539. Le multiplicateur est contenu entre 100 et 1000 ; par conséquent le produit sera compris entre 7824 $\times$ 100 et 7824 $\times$ 1000, c'est-à-dire entre 782400 et 7824000, et il aura 6 ou 7 chiffres, ce qu'il fallait démontrer.

PREUVE DE LA MULTIPLICATION.

Pour faire la preuve de la multiplication on fait une seconde multiplication en prenant le multiplicande pour le multiplicateur, et réciproquement. Cela résulte d'un principe que nous allons démontrer.

PRINCIPES RELATIFS A LA MULTIPLICATION.

11. — *1° On ne change pas la valeur d'un produit de deux facteurs en intervertissant l'ordre des facteurs.*

Pour le démontrer, prenons des facteurs très simples, et faisons voir, par exemple, que $3 \times 4 = 4 \times 3$. En effet, 3 étant égal à l'unité répétée 3 fois, peut se représenter par $1 + 1 + 1$. Si nous répétons 4 fois ce résultat, nous aurons le tableau ci-dessous, qui contiendra le produit de 3×4. Si nous envisageons une colonne verticale de ce tableau, nous voyons qu'elle contient l'unité répétée 4 fois, c'est-à-dire le nombre 4, et, comme le tableau comprend 3 colonnes verticales, il est donc égal à 4 répété 3 fois ou à 4×3. Ce qui nous fait voir que $3 \times 4 = 4 \times 3$, ce qu'il fallait démontrer.

$$1 + 1 + 1$$
$$1 + 1 + 1$$
$$1 + 1 + 1$$
$$1 + 1 + 1$$

2° On ne change pas la valeur d'un produit de 3 facteurs en intervertissant l'ordre des deux derniers, en sorte que $2 \times 3 \times 4 = 2 \times 4 \times 3$.

En effet, 2×3 peut se représenter ainsi $2 + 2 + 2$; pour multiplier ce produit par 4, il suffira évidemment de le répéter 4 fois, comme dans le tableau ci-dessous. Si nous envisageons une colonne verticale de ce tableau, nous voyons qu'elle contient le nombre 2 répété 4 fois ou 2×4, et, comme ce tableau contient 3 colonnes verticales, il contient le produit de 2×4 répété 3 fois, c'est-à-dire $2 \times 4 \times 3$, ce qui nous fait voir que $2 \times 3 \times 4 = 2 \times 4 \times 3$, ce qu'il fallait démontrer.

$$2 + 2 + 2$$
$$2 + 2 + 2$$
$$2 + 2 + 2$$
$$2 + 2 + 2$$

3° On ne change pas la valeur d'un produit d'un nombre quelconque de facteurs en intervertissant l'ordre des deux derniers, de sorte qu'on aura $2 \times 3 \times 4 \times 5 \times 6 = 2 \times 3 \times 4 \times 6 \times 5$.

Pour rendre évidente cette égalité, effectuons dans chaque membre le produit des trois premiers facteurs, ce qui ne doit y rien changer ; nous aurons alors $24 \times 5 \times 6 = 24 \times 6 \times 5$; sous cette forme l'égalité devient évidente d'après ce qui précède, puisque nous n'avons plus que 3 facteurs.

4° Dans un produit d'un nombre quelconque de facteurs on peut changer l'ordre de deux facteurs consécutifs quelconques sans changer le produit, de sorte que $2 \times 3 \times 4 \times 5 \times 6 \times 7 = 2 \times 3 \times 5 \times 4 \times 6 \times 7$.

Pour le démontrer, omettons un instant les deux derniers facteurs, nous aurons $2 \times 3 \times 4 \times 5 = 2 \times 3 \times 5 \times 4$, égalité évidente d'après ce qui précède. Nous ne détruirons pas cette égalité en multipliant chacun de ses membres successivement par 6 et par 7, ce qui nous donnera $2 \times 3 \times 4 \times 5 \times 6 \times 7 = 2 \times 3 \times 5 \times 4 \times 6 \times 7$.

5° *On peut intervertir d'une manière quelconque les facteurs d'un produit, sans changer la valeur de ce produit.* En effet :

$$2 \times 3 \times 4 \times 5 \times 6 \times 7 = 2 \times 3 \times 4 \times 5 \times 7 \times 6 \ (11 - 1°.)$$
$$= 2 \times 3 \times 4 \times 7 \times 5 \times 6 \ (11 - 4°)$$
$$= 2 \times 3 \times 7 \times 4 \times 5 \times 6 \quad (\text{id.})$$
$$= 2 \times 7 \times 3 \times 4 \times 5 \times 6 \quad (\text{id.})$$
$$= 7 \times 2 \times 3 \times 4 \times 5 \times 6 \quad (\text{id.})$$

On voit par là qu'un facteur quelconque tel que 7 a pu occuper successivement tous les rangs, depuis le dernier jusqu'au premier, sans que le produit ait changé, ce qui démontre le principe énoncé.

12. — *On multiplie un nombre par un produit de plusieurs facteurs en multipliant ce nombre par le premier facteur, puis le produit obtenu par le second facteur, et ainsi de suite.*

Soit un nombre 57, et soit **30** le produit de $2 \times 3 \times 5$. Je dis que $57 \times 30 = 57 \times 2 \times 3 \times 5$. En effet,

$57 \times 30 = 30 \times 57$ en changeant l'ordre des facteurs ;

$= 2 \times 3 \times 5 \times 57$ car avant d'arriver à multiplier par 57 on aura formé le produit **30**.

$= 57 \times 2 \times 3 \times 5$ en changeant de nouveau l'ordre des facteurs.

On a donc $57 \times 30 = 57 \times 2 \times 3 \times 5$, c. q. f. d.

Ce principe établit qu'il est permis de remplacer dans un produit autant de facteurs que l'on voudra par leur produit tout effectué, et réciproquement.

13.—*Lorsque l'on multiplie l'un des facteurs d'un produit par un certain nombre, le produit tout entier se trouve multiplié par ce nombre.*

Soit le produit $13 \times 11 \times 5 \times 3$. Si on multiplie un de ses facteurs, le facteur 5 par exemple, par **4**, le produit tout entier sera multiplié par **4**, en sorte que $13 \times 11 \times (5 \times 4) \times 3 = 13 \times 11 \times 5 \times 3 \times 4$.

Faisons observer que lorsqu'on met entre parenthèses des

nombres sur lesquels sont indiquées certaines opérations, il faut se figurer qu'on a entre les parenthèses le résultat même de ces opérations effectuées. Pour démontrer l'égalité ci-dessus, je pose d'abord :

$$13 \times 11 \times (5 \times 4) \times 3 = (5 \times 4) \times 13 \times 11 \times 3 \text{ en regardant } (5 \times 4) \text{ comme un seul}$$
$$\text{facteur et en le changeant de place.}$$
$$= 5 \times 4 \times 13 \times 11 \times 3 \text{ car les calculs à effectuer sont les mêmes}$$
$$= 13 \times 11 \times 5 \times 3 \times 4 \text{ en changeant l'ordre des facteurs ;}$$
$$\text{Donc } 13 \times 11 \times (5 \times 4) \times 3 = (13 \times 11 \times 5 \times 3) \times 4, \text{ c. q. f. d.}$$

14. — *Pour multiplier par un nombre une somme non effectuée, il faut multiplier par ce nombre chaque partie de la somme et faire le total des produits.*

Soit $5 + 9 + 11$ à multiplier par 4. C'est chercher un nombre qui se compose de $5 + 9 + 11$ comme 4 se compose de l'unité ; or, 4 est la somme de 4 nombres égaux à 1, le produit cherché sera donc la somme de 4 nombres égaux à $5 + 9 + 11$, comme nous le représentons dans l'opération

$$
\begin{array}{ccc}
5 & + 9 & + 11 \\
5 & + 9 & + 11 \\
5 & + 9 & + 11 \\
5 & + 9 & + 11 \\
\hline
5 \times 4 & + 9 \times 4 & + 11 \times 4
\end{array}
$$

ci-dessus, et cette opération nous donne évidemment chacune des parties de la somme multipliée par 4.

On démontrerait de même que pour multiplier par un certain nombre une différence non effectuée, il faut multiplier par ce nombre chaque partie de la différence, et faire ensuite la différence des produits.

§ 4. Division.

15. — *La division est une opération qui a pour but, étant donnés deux nombres, l'un appelé* DIVIDENDE, *l'autre appelé* DIVISEUR, *d'en trouver un troisième appelé* QUOTIENT *qui, multiplié par le diviseur, donne pour produit le dividende.*

Le dividende est donc un produit dont le diviseur et le quotient sont les facteurs. De là cette autre définition qui revient à la précédente :

La division est une opération qui a pour but, étant donnés un produit et un de ses facteurs, de trouver l'autre.

Soit à diviser 54 par 9. C'est chercher un nombre qui, multiplié par 9, donne 54. Or 6 est ce nombre ; 6 est donc le quotient cherché. On a : 54 égale 6 multiplié par 9, donc le quotient 6 est une quantité qui, répétée 9 fois, forme le dividende 54, c'est-à-dire, une quantité qui est la neuvième partie du dividende, et, diviser 54 par 9, c'est en prendre le neuvième. De là cette autre définition :

La division est une opération par laquelle on partage un nombre en autant de parties égales qu'il y a d'unités dans un autre nombre.

Toutes ces définitions sont utiles pour faire connaître les différents usages de la division.

Remarque. Il n'arrive pas toujours que le quotient soit un nombre entier.

Soit à diviser 38 par 7. On sait que $5 \times 7 = 35$ et que $6 \times 7 = 42$; 38 étant compris entre 35 et 42, le quotient cherché est compris entre 5 et 6 ; ce n'est donc pas un nombre entier. Néanmoins 5 exprimant le plus grand nombre de fois que le diviseur 7 est contenu dans le dividende 38, nous prendrons 5 pour le quotient ; mais ce quotient est incomplet, ce n'est que la partie entière, et nous apprendrons plus tard à le compléter.

Ce cas est celui qui se produit le plus souvent dans la division des nombres entiers. C'est pourquoi on peut encore définir ainsi la division des nombres entiers :

La division des nombres entiers est une opération qui a pour but de trouver le plus grand nombre de fois que le diviseur est contenu dans le dividende.

Le nombre 3, qui est la différence entre le dividende 38 et le produit 35 du diviseur par la partie entière du quotient, s'appelle *reste* de la division. Il est clair que le reste d'une division doit toujours être plus petit que le diviseur.

On indique qu'il faut faire une division en plaçant deux points entre le dividende et le diviseur. Exemple 375:24, ou les mettant l'un au-dessus et l'autre au-dessous d'un trait horizontal.

Exemple : $\frac{375}{24}$

Nous distinguerons trois cas dans la division.

1er cas. Le diviseur et le quotient sont des nombres d'un seul chiffre. La table de multiplication suffit pour faire ces sortes de divisions.

2e cas. Le diviseur est un nombre de plusieurs chiffres et le quotient un nombre d'un seul chiffre.

Soit à diviser 5168 par 875. Je vois que le diviseur multiplié par 10 donne 8750, nombre plus fort que le dividende. J'en conclus que le nombre cherché au quotient est plus petit que 10 et par conséquent un nombre d'un seul chiffre.

En multipliant ce nombre d'un seul chiffre par le diviseur 875, on formera trois produits partiels : un produit d'unités, en multipliant par 5 ; un produit de dizaines, en multipliant par 7 ; un produit de centaines, en multipliant par 8. Ces trois produits sont réunis et confondus dans le dividende 5168. Cependant le dernier produit étant un nombre exact de centaines, est facile à séparer ; il est tout entier contenu dans les 51 centaines du dividende ; il est même précisément égal à ces 51 centaines, si les autres produits partiels n'ont pas donné de centaines.

Dans ce cas, le quotient cherché étant le nombre qui, multiplié par 8 centaines, a donné 51 centaines ; il s'obtiendra en divisant 51 centaines par 8 centaines ou, ce qui est la même chose, en divisant 51 par 8.

Mais on conçoit que si les deux autres produits partiels ont donné des centaines, celles-ci se sont ajoutées au produit du quotient par les 8 centaines du diviseur, pour composer les 51 centaines du dividende. Alors le nombre de centaines, 51, n'est plus exactement le produit du quotient par les 8 centaines du diviseur : il excède ce produit ; et si l'excès est capable de contenir 8 une ou plusieurs fois, le nombre de fois que 8 est contenu dans 51 dépassera d'une ou de plusieurs unités le quotient cherché.

Donc le moyen de trouver le quotient est de chercher combien de fois les plus hautes unités du diviseur sont contenues dans les unités de même ordre du dividende ; mais ce moyen peut fournir parfois un quotient trop fort et il est nécessaire de l'essayer.

De là la règle suivante :

Pour diviser un nombre de plusieurs chiffres par un autre nombre de plusieurs chiffres, lorsque le quotient ne doit avoir qu'un chiffre, il faut chercher combien de fois le chiffre des plus hautes unités du diviseur est contenu dans les unités de même espèce du dividende ; le chiffre qui exprime ce nombre de fois est le quotient ou un chiffre trop fort ; pour l'essayer on voit si le produit du diviseur par ce chiffre peut se retrancher du dividende ; si le produit ne peut pas se retrancher, on diminue le chiffre essayé d'une unité et l'on recommence l'essai de la même manière.

Dans la pratique, on essaie le quotient en multipliant les deux ou trois premiers chiffres de gauche du diviseur par le chiffre présumé, et en retranchant les produits partiels des unités de même espèce du dividende.

Ajoutons que le produit du diviseur par le quotient se retranche du dividende au fur et à mesure qu'on obtient ce produit.

On dispose l'opération comme ci-dessous, et l'on dit : en 51 combien de fois 8 ? il y est 6 fois ; mais, avant d'écrire au quotient le chiffre 6, on fera un essai partiel, en disant : 6 fois 8 font 48 ; 48 ôté de 51, il reste 3 ; ces trois unités sont de l'ordre des centaines et valent 30 dizaines, et, en y ajoutant les 6 dizaines suivantes du dividende, il reste en tout 36 dizaines au dividende ; or, en multipliant par 6 les 7 dizaines du diviseur, on obtient 42 dizaines ; comme 42 ne peut se retrancher de 36, on en conclut que le chiffre 6 est trop fort, et l'on écrit 5 au quotient. On fait ensuite l'essai définitif, en multipliant tout le diviseur par le chiffre 5, et on soustrait à mesure le produit du dividende, en disant : 5 fois 5, 25 ; 25 ôté de 28, reste 3, et je retiens 2 ; 5 fois 7, 35 et 2, 37 ; 37 ôté de 46, reste 9, et je retiens 4 ; 5 fois 8 font 40 et 4, 44 ; 44 ôté de 51, il reste 7. Le quotient est donc 5 et le reste 793.

3° cas. *Le diviseur et le quotient sont des nombres de plusieurs chiffres.*

Soit à diviser 471893 par 546. Le dividende 471893 est compris entre 54600 et 546000, c'est-à-dire, entre le diviseur multiplié par 100, et le diviseur multiplié par 1000. Donc le quotient est compris entre 100 et 1000, et est un nombre de trois chiffres. Le produit du diviseur par le quotient se décomposera ainsi en trois produits partiels : un produit d'unités, un produit de dizaines, et un produit de centaines. Or ce dernier sera encore facile à séparer, puisqu'il sera tout entier contenu dans les 4718 centaines du dividende.

Si l'on divise 4718 par le diviseur 546, ce qui donne 8 pour quotient, ce chiffre 8 sera exactement celui des centaines du quotient ; car puisque le diviseur multiplié par 8 est inférieur, ou tout au plus égal à 4718, le diviseur, multiplié par 8 centaines, sera inférieur ou tout au plus égal à 4718 centaines ou 471800, et, à plus forte raison, inférieur à 471893. Cela prouve que 8 ne sera pas plus fort que le chiffre des centaines du quotient. Il ne sera pas plus faible. Car si 4718 n'a pas assez d'unités pour contenir celles du produit de 546 multiplié par 9 unités ; 4718 centaines, ou 471800, n'aura pas assez de centaines pour contenir celles de 546 multiplié par 9 centaines, et 471893, ou le dividende entier, n'en aura pas assez non plus, puisqu'il n'en a pas une de plus que 471800.

Donc, en prenant, sur la gauche du dividende, toutes les unités de même ordre que le chiffre des plus hautes unités du quotient, on a un nombre qui peut servir de premier dividende partiel, et fournir le premier chiffre du quotient. Ce sera un nombre pouvant contenir le diviseur au moins une fois et moins de 10 fois.

La première division partielle a donné pour reste 350 centaines ou 3500 dizaines ; en y joignant les 9 dizaines qui suivent, on obtient le nombre 3509 dizaines. Par un raisonnement semblable au précédent on ferait voir qu'en divisant ce nombre par le diviseur 546, on obtiendrait exactement le chiffre des dizaines du quotient.

$$\begin{array}{r|l} 471893 & 546 \\ \hline 3509 & 864 \\ 2333 & \\ 149 & \end{array}$$

La seconde division partielle donne pour quotient 6, et un reste de 233 dizaines ou 2330 unités, ce qui fait, avec les 3 unités suivantes, le troisième dividende partiel 2333. Ce dernier dividende partiel fournira le chiffre 4 des unités, et le reste 149.

Nota. — Tout dividende partiel formé en abaissant un chiffre du dividende total à la suite du reste de la division précédente, doit donner un quotient inférieur à 10, autrement la dernière division aurait eu un quotient trop faible au moins d'une unité.

Mais un dividende partiel peut bien ne pas contenir le diviseur. Le chiffre à mettre au quotient alors est zéro. Ensuite on abaisse un nouveau chiffre du dividende total, et on continue la division.

Pour diviser un nombre par un autre, on écrit le diviseur à la droite du dividende, on les sépare par un trait vertical et on souligne le diviseur. Puis on sépare sur la gauche du dividende juste assez de chiffres pour que le nombre qui en résulte contienne le diviseur. On cherche combien de fois le diviseur est contenu dans la partie à gauche du dividende, ce qui détermine le premier chiffre à gauche du quotient ; on écrit ce chiffre sous le diviseur ; on retranche du premier dividende partiel le produit du diviseur par le chiffre obtenu au quotient, ce qui donne un reste, à la droite duquel on écrit le chiffre suivant du dividende ; on cherche combien de fois le diviseur est contenu dans le nombre qui en résulte, ce qui détermine le second chiffre du quotient ; on soustrait du second dividende partiel le produit du diviseur par le second chiffre du quotient, ce qui donne un second reste, à la droite duquel on écrit le chiffre suivant du dividende, et on continue ainsi, jusqu'à ce qu'on ait abaissé tous les chiffres du dividende. Le dernier reste obtenu est le reste de la division.

Remarques. 1° On peut simplifier la division, quand le diviseur n'a qu'un seul chiffre, en profitant de ce que les restes et les dividendes partiels successifs sont de petits nombres ; on opérera de mémoire sans les écrire.

Soit 853642 à diviser par 7.

On disposera l'opération comme ci-dessous, et on dira : Le septième de 8 est 1, pour 7, et il reste 1 ; le septième de 15 est 2, pour 14, et il reste 1 ; le septième de 13 est 1, pour 7, et il reste 6 ; le septième de 66 est 9, pour 63, et il reste 3 ; le septième de 34 est 4, pour 28, et il reste 6 ; le septième de 62 est 8, pour 56, et il reste 6.

$$853642 \mid 7$$
$$121948$$
$$6$$

2° D'après la règle générale qui précède, on peut voir qu'il y aura toujours au quotient autant de chiffres plus un qu'il y en a au dividende total, à droite du premier dividende partiel séparé.

Utilité d'une table des 9 premiers multiples du diviseur.

Soit proposée la division de 5789546785344 par 897873.

On forme les 9 premiers multiples du diviseur comme on a formé la table de multiplication, c'est-à-dire par addition. A cet effet, on ajoute le diviseur à lui-même, et on en a le produit par **2** ; on l'ajoute à ce dernier produit, et on en a le produit par 3, et ainsi de suite. A gauche de chaque multiple on met le chiffre multiplicateur qui lui correspond, comme on voit ci-dessous :

1	897 873	5789546785344	897873
2	1795 746	4023087	
3	2693 619	4345958	644806
4	3591 492	7244665	
5	4489 365	6168134	
6	5387 238	780896	
7	6285 111		
8	7182 984		
9	8080 857		

Ce tableau dressé, on voit quel est celui des multiples du diviseur qui approche le plus, par défaut, de chaque dividende partiel, et on écrit au quotient le chiffre qui est à sa gauche ; puis on retranche simplement de chaque dividende partiel le multiple du diviseur; à côté du reste on abaisse le chiffre suivant du dividende, et l'on procède à l'égard du dividende partiel ainsi formé comme à l'égard du précédent.

PREUVE DE LA DIVISION.

16. — Si une division se fait exactement, il résulte de la définition même, que le dividende doit être égal au produit du diviseur par le quotient obtenu ; on fera donc ce produit, et on le comparera au dividende.

Si la division a donné un reste, on n'aura qu'à ajouter ce reste au produit du diviseur par le quotient, et l'on obtiendra un résultat égal au dividende.

PRINCIPES SUR LA DIVISION.

17. — 1° *Pour diviser par un certain nombre une somme non effectuée on divise par ce même nombre chaque partie de la somme.*

Soit à diviser $(18 + 15 + 24)$ par 6. On divisera par 6 chacune des parties de la somme, ce qui donnera : $\frac{18}{6} + \frac{15}{6} + \frac{24}{6}$. Ce résultat est bien le quotient cherché ; car, en multipliant par le diviseur 6 chacun des trois quotients qui le composent (14), on obtient le dividende proposé $18 + 15 + 24$.

2° *On divise un produit de plusieurs facteurs par un certain nombre en divisant un des facteurs de ce produit par ce nombre.*

Soit $21 \times 15 \times 13 \times 11$.

Divisons le facteur 15 par le nombre 5. Le résultat $21 \times \frac{15}{5} \times 13 \times 11$ exprime le quotient du produit proposé divisé par 5 ; car si, dans ce résultat, on multiplie par 5 le quotient, $\frac{15}{5}$, le résultat tout entier sera multiplié par 5 (13), et reproduira le dividende proposé $21 \times 15 \times 13 \times 11$.

3° *On divise un nombre par un produit de plusieurs facteurs en divisant ce nombre par le premier facteur, puis le quotient obtenu par le second facteur, et ainsi de suite* (dans le cas d'une division exacte).

Soit le nombre 210 à diviser par 30, ce dernier étant égal au produit $2 \times 3 \times 5$.

Si 7 est le quotient de 210 divisé par 30, 210 est égal à 30×7 ou bien à $2 \times 3 \times 5 \times 7$ (12), ou encore à $2 \times (3 \times 5 \times 7.)$ Sous cette forme, on voit bien que si on le divise par 2, le quotient sera $3 \times 5 \times 7$ ou $3 \times (5 \times 7)$; de même, en divisant ce quotient par 3, on aura 5×7 ; et en divisant ce second quotient par 5, on obtiendra enfin 7, nombre supposé obtenu en divisant d'un seul coup 210 par 30.

4° Lorsqu'on multiplie ou l'on divise les deux termes d'une division (le dividende et le diviseur), par un certain nombre, le quotient ne change pas ; mais le reste est multiplié ou divisé par ce même nombre.

Soit 32 à diviser par 9 ; soit 3 le quotient et 5 le reste.

On aura donc 32 égal à $9 \times 3 + 5$. Par conséquent, 32×4 égale $(9 \times 4) \times 3 + 5 \times 4$ (14). Ce qui fait voir que 9×4 est contenu 3 fois dans 32×4, c'est-à-dire, que le quotient est le même, et que le reste est 5×4, au lieu d'être 5.

De même $\frac{32}{4}$, est égal à $\frac{9}{4} \times 3 + \frac{5}{4}$ (17, 1°). Donc $\frac{9}{4}$ est contenu 3 fois dans $\frac{32}{4}$ et le quotient est le même ; mais le reste est $\frac{5}{4}$ au lieu d'être 5.

* * *

Chapitre III.

PROPRIÉTÉS DES NOMBRES.

§ 1er. Divisibilité des nombres.

18. — Un *multiple* d'un nombre est un autre nombre contenant le premier un certain nombre de fois exactement et sans reste. Le second nombre est dit *sous-multiple, diviseur, partie aliquote, ou facteur* du premier ; on dit encore qu'il le divise.

Principes : *1° Tout nombre qui en divise séparément plusieurs autres, divise leur somme.*

Soit le nombre 3, divisant séparément **21, 27** et **30** : 3 divisera la somme $21 + 27 + 30$ ou **78**. En effet, chacun de ces nombres apportant dans la somme un nombre entier de fois 3, sans reste, celle-ci contiendra un nombre entier de fois 3, sans reste ; car la somme de plusieurs nombres entiers est un nombre entier.

Corollaire. *Tout nombre, qui en divise un autre, divise ses multiples.*

Soit le nombre 4, divisant **12** : 4 divisera un multiple quelconque de 12, par exemple, **60**, qui égale 5 fois **12**. En effet, 60 est la somme de 5 nombres égaux à 12 ; donc 4, qui divise chacun de ces nombres, divisera 60.

2° Tout nombre qui en divise deux autres séparément divise leur différence.

Soit le nombre 7, divisant 42 et 28, il divisera leur différence 14. En effet, la différence entre deux nombres entiers étant un nombre entier, la différence entre le premier nombre entier de fois 7, et le second nombre entier de fois 7, sera elle-même un nombre entier de fois 7.

Corollaire. *Un nombre étant divisible par un autre, si on le décompose en deux parties dont la première soit divisible par cet autre, la seconde sera aussi divisible ;* car la seconde partie est la différence entre le nombre entier et la première partie.

3° *Un nombre étant décomposé en deux parties, si l'une de ces parties est divisible par un certain nombre, et que l'autre ne le soit pas, le nombre donné ne sera pas non plus divisible, et donnera le même reste que la partie non divisible.*

Soit 60, décomposé en deux parties, savoir 42 et 18, dont la première est divisible par 7, qu'elle contient 6 fois exactement ; et l'autre n'est pas divisible par 7, la division donnant pour quotient 2 et pour reste 4 : 60 est donc égal à 6 fois 7, plus 2 fois 7, plus 4, ou 8 fois 7, plus 4. Ainsi 60 n'est pas divisible par 7, et la division donne le même reste 4 que la partie non divisible.

Caractères de divisibilité des nombres par 2, 5, 9, 3 et 11.

19. — 1° *Divisibilité par 2.*

Un nombre est divisible par 2 s'il est terminé par un zéro ou par un chiffre pair.

Soit 370 terminé par un zéro. Ce nombre est égal à 10×37 ; c'est donc un multiple de 10 ; or 2 divise 10 ; donc il divise son multiple 370. (P. 1. *Corol.*)

Soit le nombre 598 terminé par un chiffre pair ; on peut décomposer 598 en deux parties, 590 et 8 ; or 2 divise 590, d'après ce qui précède ; il divise aussi 8, puisque c'est un chiffre pair, c'est-à-dire multiple de 2 ; donc il divise leur somme 598.

On démontre de même que tout nombre terminé par zéro ou par 5 est divisible par 5.

Remarque. En raisonnant d'une manière analogue, on verrait qu'un nombre est divisible par 4 et par 25, s'il se termine par deux zéros ou par deux chiffres significatifs, dont la réunion forme un multiple de 4 ou de 25 ; qu'un nombre est divisible par 8 et par 125 quand il se termine par trois zéros ou par trois chiffres dont la réunion forme un nombre divisible par 8 ou par 125.

2° *Divisibilité par* 9 *et par* 3.

Remarquons d'abord que, si l'on divise par 9 un nombre formé de l'unité suivie d'un certain nombre de zéros, comme 10, 100, 1000, etc., on obtient un quotient composé d'autant de fois le chiffre 1 qu'il y a de zéros, et toujours 1 pour reste.

Ainsi, 100, divisé par 9, donne pour quotient 11, et pour reste 1.

10000, divisé par 9, donne pour quotient 1111, et pour reste 1.

Tous ces nombres se décomposent donc en deux parties, savoir : un multiple de 9, plus 1. Mais si 1000, par exemple, est représenté par un multiple de 9, plus 1 ; il est évident que 8000 sera représenté par deux parties, l'une et l'autre 8 fois plus grandes, c'est-à-dire par un multiple de 9 huit fois plus grand, plus 8 ; en sorte que tout chiffre significatif suivi de zéros, est représenté par un multiple de 9, augmenté de la valeur de ce même chiffre. Cela posé, soit le nombre 7823. Ce nombre est la somme de quatre nombres 7000, 800, 20 et 3, représentés respectivement par un multiple de 9, plus 7 ; un multiple de 9, plus 8 ; un multiple de 9, plus 2 ; et 3 ; soit, en tout, par la somme de quatre multiples de 9, laquelle est un multiple de 9, plus la somme, $7 + 8 + 2 + 3$, de ses chiffres significatifs, pris dans leur valeur absolue. On démontrerait de la même manière qu'un nombre entier quelconque est la somme de deux parties, dont l'une est un multiple de 9, et l'autre la somme de ses chiffres pris dans leur valeur absolue ; si la seconde est divisible par 9, il est clair que le nombre proposé le sera, car il se trouvera être ainsi la somme de deux nombres divisibles séparément par 9. Si, au contraire, la seconde partie n'est pas divisible, le nombre ne le sera pas non plus, et le reste qu'on obtiendrait, en le divisant par 9, serait le même qu'on obtiendrait, en divisant cette seconde partie par 9. De là cette règle : *que, pour qu'un nombre soit divisible par* 9, *il faut et il suffit que la somme de ses chiffres, pris dans leur valeur absolue, soit elle-même divisible par* 9, *et que lorsqu'un nombre n'est pas divisible par* 9, *le reste qu'on obtient est égal à celui qui donne la somme de la valeur absolue de ses chiffres divisée par* 9.

Comme tout multiple de 9 est un multiple de 3, il s'ensuit qu'en appliquant le raisonnement précédent à un nombre quelconque, on prouve que ce nombre peut se décomposer en deux parties, dont l'une est un multiple de 3, et dont l'autre est égale à la somme de ses chiffres, pris dans leur valeur absolue. Par conséquent :

Un nombre sera divisible par 3, lorsque la somme de ses chiffres pris dans leur valeur absolue sera divisible par 3; et, lorsqu'il ne sera pas divisible par 3, le reste sera égal à celui qu'on obtiendrait en divisant par 3 la somme de la valeur absolue de ses chiffres.

3° *Divisibilité par 11.*

On remarque que tout nombre formé par l'unité suivie de un, de trois, de cinq, ou d'un nombre impair quelconque de zéros, donne pour reste 10, quand on le divise par 11, c'est-à-dire, est un multiple de 11, moins 1 ; au contraire, tout nombre formé par l'unité suivie d'un nombre pair de zéros, est un multiple de 11, plus 1. On en conclura, en raisonnant comme on a fait plus haut, à propos du nombre 9, que, généralement, tout chiffre significatif, qui occupe dans un nombre un rang pair, est un multiple de 11, moins sa valeur absolue ; et que tout chiffre qui occupe un rang impair, est un multiple de 11, plus sa valeur absolue.

Cela posé, si on décomposait un nombre comme on l'a fait précédemment, en cherchant le caractère de divisibilité par 9, on trouverait que ce nombre est égal à un multiple de 11 plus la différence qui existe entre la somme de ses chiffres de rangs impairs et la somme de ses chiffres de rangs pairs. Si donc cette différence est nulle, ou bien égale à 11, ou à un multiple de 11, le nombre sera divisible par 11. Dans le cas contraire, en le divisant par 11, on obtiendra le même reste qu'en divisant par 11 cette différence.

Nota. — Si la somme des chiffres de rangs impairs était inférieure à celle des chiffres de rangs pairs, il faudrait pour faire la soustraction, l'augmenter d'autant de fois 11 que cela serait nécessaire. En faisant ainsi, on ne ferait qu'ajouter un certain nombre de fois 11, ce qui ne changerait rien au reste et le laisserait par conséquent nul, s'il doit être nul, ou, dans le cas contraire, tel qu'il doit être.

Preuve par les restes ou preuve de la multiplication et de la division par 9 et par 11.

20. — Ces preuves reposent sur la facilité de déterminer les restes de tout nombre divisé par 9 et par 11, et sur ce que ces restes intéressent tous les chiffres du nombre.

Dans une multiplication, le reste que donne la division du multiplicande par 9, multiplié par le reste que donne la division du mul-

tiplicateur par 9, *sera un produit qui, à son tour, étant divisé par* 9, *donnera le même reste que le produit de l'opération à vérifier.*

Soit 764835 × 4631. On a 764835 = m. de 9 + 6, et 4631 = m. de 9 + 5. (*)

Donc : 764835 × 4631 = (m. de 9 + 6)× (m. de 9 + 5). Ce qui donne, en multipliant chaque partie du multiplicande, par chaque partie du multiplicateur :

= m. de 9 × m. de 9 + 6× m. de 9 + m. de 9 × 5 + 6×5.

Et, comme une somme de multiples de 9, est elle-même un multiple de 9 :

$$= \text{un m. de } 9 \underline{\hspace{6cm}} + 6 \times 5.$$

Il n'y a donc dans le produit proposé que 6 × 5 qui puisse donner un reste. Si on divise par 9 ce produit, il donnera donc le même reste que 6 × 5. S'il en était autrement l'opération serait fausse.

On dispose ainsi la preuve :

```
 764835 . . . . . . . . 6 . . . . . . . . . . . . . . . . . . . . |. . . . 5
   4631 . . . . . . . . 5 . . . . . . . . . . . . . . . . . . . . |. . . . 0
 ─────────────────────────────────────────────         ────
 764835 . . . . . . . . 30 . . . . . . . 3 . . . . . . . . . . |. . . 30 . . . . . . . 0
 2294505
 4589010
 3059340
 ──────────────────────────────────────────────
 3541950885 . . . . . . . . . . . . . . . . . . . 3 . . . . . . . . .|. . . . . . . . . . 0
```

Quand on a à diviser par 9 la somme des chiffres d'un nombre, on facilite cette opération en omettant 9, à mesure qu'on l'obtient par l'addition. Ainsi on dit : 7 et 6 font 13, reste 4 (sous entendu ôté 9) ; 4 et 4 font 8 et 8 font 16, reste 7 ; 7 et 3 font 10, reste 1 ; 1 et 5 font 6, que l'on écrit un peu plus loin, en regard. Opérant de même à l'égard du multiplicateur on trouve pour reste 5. On multiplie ensuite 6 par 5, ce qui donne 30 ; en divisant 30 par 9, il reste 3, que l'on écrit en regard. On passe ensuite au produit, et on trouve le reste 3.

Cette preuve n'a pas une grande autorité, car toute erreur qui ne changerait pas le reste de la division par 9 resterait inaperçue : ainsi un chiffre 9 mis pour un 0 et réciproquement passeraient

(*) Pour *m. de 9*, lisez un *multiple de 9*.

inaperçus. De même pour deux erreurs qui, par compensation, ne changeraient pas la somme de la valeur absolue des chiffres.

Pour faire la preuve par **9** *de la division, on regardera le dividende, diminué du reste de la division, s'il y en a un, comme un produit ayant pour facteurs le diviseur et le quotient, et on opérera alors la preuve de la même manière que ci-dessus.*

Exemple :

$$412538 \;\big|\; 736\ldots\ldots 7\ldots\ldots \quad \ldots 10\ldots$$
$$4453$$
$$378 \qquad 560\ldots\ldots 2\ldots\ldots \quad \ldots 10\ldots$$
$$14\ldots 5\ldots \quad \ldots 100\ldots 1$$

dividende diminué du reste $\quad 412160 \quad \ldots\ldots\ldots 5\ldots \quad \ldots\ldots 1$

La preuve par **11** se raisonne de la même manière.

Nota. — On fera bien de faire la preuve par **11**, en même temps que par 9 ; c'est ce que nous avons fait dans les deux exemples précédents (Voir Nᵒˢ 19, 3ᵒ), pour trouver le reste de la division d'un nombre par **11**.

§. 2. Nombres premiers. Plus grand commun diviseur entre deux ou plusieurs nombres.

21. — *On appelle nombre premier ou nombre premier absolu tout nombre qui n'admet d'autre diviseur que lui-même ou l'unité.*

Ainsi 2, 3, 5, 7, 11, etc., sont des nombres premiers.

Deux nombres sont dits premiers entre eux lorsqu'ils n'ont aucun diviseur commun autre que l'unité.

Il n'est pas nécessaire pour cela que les deux nombres soient premiers absolus. Ainsi les nombres 8 et 15 ne sont pas premiers absolus, car ils admettent l'un et l'autre des diviseurs autres que 1 ; mais ils sont premiers entre eux, parce qu'ils n'admettent pas d'autre diviseur commun que 1.

Tout nombre qui n'est pas premier et qui, par conséquent, admet un ou plusieurs diviseurs autres que l'unité, s'appelle nombre composé.

Un nombre composé peut toujours être égalé à un produit de facteurs premiers.

En effet, on peut le diviser par un facteur autre que l'unité, et le représenter comme le produit de ce facteur par le quotient obtenu ; si ce sont deux nombres premiers, le nombre se trouvera ainsi égal à un produit de facteurs premiers ; s'ils ne sont pas premiers, on pourra les décomposer, à leur tour, en deux facteurs, lesquels pourraient aussi se décomposer chacun en deux autres, s'ils n'étaient pas premiers, et, ainsi de suite, jusqu'à ce qu'on arrive à des facteurs premiers.

Deux nombres, dont l'un est premier, sont premiers entre eux, si celui qui est premier ne divise pas l'autre.

Soient 11 et 60, dont l'un est premier ; 11 n'admet d'autre diviseur que 11 et 1. Si on suppose que 60 n'admette pas 11 pour diviseur ; 1 sera donc le seul diviseur commun qu'ils admettent, et par conséquent, ils seront premiers entre eux, ce qu'il fallait démontrer.

RECHERCHE DU PLUS GRAND COMMUN DIVISEUR ENTRE DEUX NOMBRES.

22. — Démontrons d'abord le principe suivant :

Tout diviseur commun aux deux termes d'une division est un diviseur commun entre le diviseur et le reste.

Puisque, par hypothèse, ce diviseur commun divise le diviseur de la division, il suffit de faire voir qu'il divisera le reste. Soit à diviser 48 par 18, et soit 2 le quotient, et 12 le reste ; on aura par conséquent : $48 = 2 \times 18 + 12$. Or tout nombre qui divise 48 et 18, divise, d'après cette hypothèse, 48 et 2×18 ; il divise ainsi une somme et une de ses parties ; donc il divise la seconde partie 12, c'est-à-dire, le reste.

Réciproquement. *Tout diviseur commun entre le diviseur d'une certaine division et le reste, est un diviseur commun entre le dividende et le diviseur de cette même division.*

Puisque, par hypothèse, ce diviseur commun divise le diviseur de la division, il n'y a plus qu'à faire voir qu'il en divise le dividende. En nous servant de l'exemple ci-dessus, nous dirons : tout nombre qui divise 18 et 12, divisera 2×18, et 12 ; il divisera donc la somme de ces deux nombres, c'est-à-dire 48, qui est le dividende en question.

Ainsi, dans une division, le dividende et le diviseur, pris ensemble, ont les mêmes diviseurs communs que le diviseur et le reste, pris ensemble ; par conséquent, le plus grand des diviseurs communs entre le dividende et le diviseur sera le même que le plus grand des diviseurs communs entre le diviseur et le reste. Alors on aura le plus grand commun diviseur entre deux nombres, en prenant le plus grand commun diviseur entre le plus petit d'entre eux, et le reste de la division du plus grand par le plus petit.

Soit demandé le plus grand commun diviseur entre 360 et 96.

Le plus petit des deux nombres proposés, 96, se divisant lui-même, et ne pouvant être divisé par aucun nombre plus grand que lui, serait le p. g. c. d. cherché, s'il divisait exactement 360.

En essayant la division, on trouve 3 pour quotient et 72 pour reste. Donc 96 n'est pas le p. g. c. d. cherché. Mais on sait que ce p. g. c. d. est le même que celui du diviseur 96 et du reste 72. Cherchons donc le p. g. c. d. entre 96 et 72. Ce sera 72, s'il divise exactement 96. Or cette seconde division donne 1 pour quotient, et 24 pour reste. Donc 72 n'est pas le p. g. c. d. cherché ; mais ce p. g. c. d. étant le même que celui de 72 et du reste 24, nous prendrons le p. g. c. d. entre 72 et 24. Comme 24 divise exactement 72, 24 est le p. g. c. d. cherché.

De là la règle suivante :

Pour trouver le p. g. c. d. de deux nombres, on divise le plus grand par le plus petit. Si la division se fait sans reste, le plus petit nombre est le p. g. c. d. Dans le cas contraire on divise le plus petit nombre par le reste. Si on a encore un reste on divise le premier reste par le second, ainsi de suite. On divisera chaque diviseur par le reste correspondant, jusqu'à ce qu'on arrive à une division qui se fasse exactement. Alors le dernier reste employé comme diviseur est le p. g. c. diviseur cherché.

On dispose l'opération comme ci-dessous :

	3	1	3
360	96	72	24 = p. g. c. d.
72	24	0	

Remarques. 1° Nous arrivons à trouver le p. g. c. d. de deux nombres par une série de divisions successives dont les restes, nécessairement plus petits que les diviseurs correspondants, vont toujours en diminuant sans cesser d'être des nombres entiers. Ces restes auront donc pour limite l'unité, qui est le plus petit des nombres entiers. Lorsqu'on arrivera à un reste égal à 1, on en conclura que le p. g. c. d. des nombres proposés est 1, et que, par conséquent, ils sont premiers entre eux.

2° Le p. g. c. d. entre deux nombres est, d'après ce qui précède, le même que le p. g. c. d. entre deux restes successifs des divisions que nous venons d'indiquer. Or, si, de deux restes successifs, l'un était premier, et ne divisait pas l'autre, ces restes seraient premiers entre eux, comme on l'a vu plus haut ; il en serait donc de même des nombres proposés.

Donc, quand on arrive à un reste qui est un nombre premier absolu, si ce reste ne divise pas le précédent, il sera inutile de continuer ; car les nombres proposés seront premiers entre eux.

23. — Théorème 1° *Tout nombre qui en divise deux autres divise leur p. g. c. d.*

En remontant la série des divisions indiquées ci-dessus, on peut dire : Si un nombre divise les deux termes de la première division, il en divise le reste ; mais alors il divise les deux termes de la seconde division, et, par suite, le reste de celle-ci ; divisant ce dernier reste et le précédent, il divisera les deux termes de la troisième division : donc il en divisera le reste, et ainsi de suite, jusqu'à ce qu'on arrive au p. g. c. d. cherché.

Théorème 2° *Si on multiplie ou divise deux nombres par un troisième, leur p. g. c. d. sera aussi multiplié ou divisé par ce troisième nombre.*

En effet, les deux termes de la première division étant multipliés ou divisés, le reste sera multiplié ou divisé par le même nombre. S'il y a lieu de faire une seconde division, ses deux termes se trouveront aussi multipliés ou divisés par ce nombre, et, par conséquent, le reste de cette seconde division le sera aussi ; et ainsi de suite, jusqu'à ce qu'on arrive au p. g. c. d. cherché.

Théorème 3° *Si on divise deux nombres par leur p. g. c. d., les quotients obtenus seront premiers entre eux.*

Car en divisant les deux nombres par leur p. g. c. d., on aura aussi divisé ce p. g. c. d., d'après le principe précédent ; mais comme tout nombre divisé par lui-même devient égal à 1, il s'ensuit que les quotients n'auront plus que l'unité pour p. g. c. d. et que, par conséquent, ils seront premiers entre eux.

Réciproquement. *Si, lorsqu'on divise deux nombres donnés par un troisième, les quotients sont premiers entre eux, ce troisième nombre est le p. g. c. d. des deux nombres donnés.*

En effet, les quotients multipliés par le troisième nombre donneraient les deux nombres proposés ; et, en même temps, leur p. g c. d. serait l'unité multipliée par ce troisième nombre.

Théorème 4° *Pour prendre le p. g. c. d. entre plusieurs nom-*

bres, on prend le p. g. c. d. des deux plus petits, puis le p. g. c. diviseur de celui-ci et du plus petit des nombres restants, et ainsi de suite.

Soient les trois nombres 60, 108, 700. On prendra le p. g. c. d. entre 60 et 108, lequel est 12 ; puis le p. g. c. d entre 700 et 12, lequel est 4, et ce dernier nombre sera le p. g. c. d. des trois nombres proposés. En effet, 4 divise les deux premiers, 60 et 108, puisqu'il divise leur p. g. c. d. 12 ; il divise le troisième 700, puisqu'il est p. g. c. d. entre 700 et 12 : il est donc diviseur commun aux trois nombres. Il est le plus grand diviseur commun ; car si un nombre plus grand que 4 divisait ces trois nombres, il diviserait 12, p. g. c. d. des deux premiers (23 Th. 1.), et, divisant 12, et 700, il diviserait leur p. g. c. d. 4, ce qui est impossible : 4 ne pouvant être divisé par un nombre plus grand que lui.

THÉORIE DES NOMBRES PREMIERS ET DES NOMBRES PREMIERS ENTRE EUX.

24. — La suite des nombres premiers est indéfinie.

Car soit 2, 3, 5, 7........19 une suite de nombres premiers : l'on peut toujours concevoir un nombre premier supérieur au dernier de ceux-ci.

Faisons-en le produit, augmentons ce produit d'une unité, et, désignons par N le résultat ainsi obtenu, il viendra :

$$N = 2 \times 3 \times 5 \times 7 \ldots\ldots\ldots \times 19 \times 1.$$

Si N est premier, comme il est évidemment plus grand que 19, la proposition est démontrée.

Si N n'est pas premier, il admet évidemment un facteur premier ; or ce n'est aucun des nombres 2, 3, 5, 7......19., car chacun d'eux divisant la première partie de N, savoir : $2 \times 3 \times 5 \times 7\ldots\ldots \times 19$, mais ne divisant pas la seconde, 1, ne divise pas non plus le nombre N ; il faut donc que ce soit un nombre premier plus grand que 19, par conséquent la série des nombres premiers ne s'arrête pas à 19. On démontrerait de même qu'elle ne s'arrête à aucun autre nombre premier ; elle est donc indéfinie.

FORMATION D'UNE TABLE DE NOMBRES PREMIERS.

On se proposera de former une table contenant tous les nombres premiers compris entre 1 et une limite donnée, par exemple, entre 1 et 100.

A cet effet, on écrira la suite des 100 premiers nombres.

1 2 3 4 5 6 7 8 9 10 11 12 13 14 15 16 17 18 19 20 21 22 23
24 25 26 27 28 29 30 31 32 33 34 35 36 37 38 39 40 41 42 43 44
45 46 47 48 49 50 51 52 53 54 55 56 57 58 59 60 61 62 63 64 65 66
67 68 69 70 71 72 73 74 75 76 77 78 79 80 81 82 83 84 85 86 87 88
89 90 91 92 93 94 95 96 97 98 99 100.

On biffera dans ce tableau tous les nombres de deux en deux, à partir du nombre 2, qu'on ne supprimera pas.

On supprimera tous les nombres de trois en trois, à partir du nombre 3, qu'on ne supprimera pas.

De même on les supprimera de cinq en cinq, de sept en sept, etc.

Ainsi, tous les multiples des nombres premiers ayant été effacés, il ne restera que les nombres premiers eux-mêmes (*).

Nota. — Il est important de remarquer qu'en supprimant tous les nombres divisibles par 2, on a supprimé le produit de 2 par le nombre premier suivant qui est 3; de même en supprimant tous les nombres divisibles par 3, on a supprimé le produit de 3 par le nombre premier suivant 5. Donc tous les produits d'un nombre premier quelconque par un de ceux qui lui sont inférieurs se trouvant déjà supprimés, il suffit de commencer la suppression des multiples de ce nombre, à partir du produit de ce nombre par lui-même. Cette manière d'obtenir les nombres premiers, jusqu'à une limite donnée, s'appelle *Crible d'Eratosthène*.

25. — PRINCIPE FONDAMENTAL. — *Tout nombre qui divise un produit de deux facteurs, et qui est premier avec l'un divise l'autre.*

Soit 12, un nombre divisant un produit de deux facteurs, 35 $\times$ 48, et premier avec l'un d'eux, 35, il divisera l'autre 48.

En effet, 35 et 12, ayant pour p. g. c. d. l'unité, si on les multiplie l'un et l'autre par 48, les produits 35 $\times$ 48 et 12 $\times$ 48 auront pour p. g. c. d. 48 (23, Th. 2).

Or 12 divise le produit 35 $\times$ 48, d'après la supposition, il divise le produit 12 $\times$ 48, dont il est un facteur; il divise donc leur p. g. c. d. 48.

26. — *Tout nombre premier qui divise un produit d'autant de facteurs que l'on voudra, divise au moins un des facteurs de ce produit.*

Soit 7 un nombre premier divisant le produit 2 $\times$ 4 $\times$ 5 $\times$ 28; il divisera au moins un de ses facteurs.

(*) Les petits chiffres figurent les nombres qui doivent être annulés.

En effet ce produit peut se mettre sous la forme d'un produit de deux facteurs : $2 \times (4 \times 5 \times 28)$, et, puisque le nombre premier 7 le divise, si 7 ne divise pas le facteur 2, il est premier avec lui (25) et il divise l'autre, savoir : $4 \times 5 \times 28$, ou $4 \times (5 \times 28)$. En ce cas, s'il ne divise pas 4, il est premier avec lui, et divise 5×28 ; mais alors, s'il ne divise pas 5, il est premier avec lui, et divise 28.

27. — *Tout nombre premier qui est premier avec un autre nombre est premier avec les puissances de cet autre.*

(On appelle puissance d'un nombre le produit de plusieurs facteurs égaux à ce nombre ; ainsi le produit $15 \times 15 \times 15$ est une puissance de 15 ; on dit que c'est la troisième puissance de 15, parce que c'est le produit de trois facteurs égaux à 15 ; le produit de quatre facteurs égaux à 15 serait la quatrième puissance de 15. On est convenu de marquer à quelle puissance un nombre est élevé, à l'aide d'un petit chiffre qui s'écrit à sa droite un peu au-dessus : 15^7 , 15^9 , se lisent : 15 puissance 7, 15 puissance 9).

Soit 7 un nombre premier avec 12 ; il sera premier avec une puissance quelconque de 12, par exemple : 12^4 .

En effet, 7 étant premier absolu, sera premier avec 12^4 , s'il ne divise pas ce nombre. Or, 12^4 étant égal à $12 \times 12 \times 12 \times 12$, pour que 7 divisât 12^4 , il faudrait qu'il divisât un de ses facteurs, c'est-à-dire 12, ce qui n'est pas, puisqu'il est premier avec 12.

28. — *Si deux nombres sont premiers entre eux, leurs puissances sont premières entre elles.*

Soient 15 et 22, deux nombres premiers entre eux : deux puissances quelconques de ces nombres seront premières entre elles.

Soient 15^3 et 22^4 . Si on leur supposait un facteur premier commun, 7 par exemple, ce facteur premier divisant 15^3 ou $15 \times 15 \times 15$, diviserait un des facteurs de ce produit, c'est-à-dire 15 ; de même divisant 22^4 ou le produit $22 \times 22 \times 22 \times 22$, il diviserait un de ses facteurs, c'est-à-dire 22, mais comme il ne divise ni 15, ni 22, car il est premier avec chacun de ces deux nombres, il ne divisera pas non plus leurs puissances, et, par conséquent, ces puissances sont premières entre elles.

29. — Un nombre ne peut être décomposé en plusieurs systèmes de facteurs premiers différents, ni affectés d'exposants différents. Supposons qu'un nombre, 360, puisse être décomposé en les deux différents systèmes $2^3 \times 3^2 \times 5$, et $5 \times 7 \times 11$ d'où $360 = 2^3 \times 3^2 \times 5$ et $360 = 5 \times 7 \times 11$. Il en résulterait l'i-

dentité des deux produits $2^3 \times 3^2 \times 5$ et $5 \times 7 \times 11$. Par suite,
tout facteur divisant l'un, diviserait l'autre ; mais cela n'est pas,
car 2^3, qui est dans le premier, et le divise, ne divise cependant
pas le second, attendu qu'il n'en divise aucun facteur. (26)

Supposons le même nombre décomposé en les mêmes facteurs,
avec des exposants différents, et : $360 = 2^3 \times 3^2 \times 5$; $360
= 2 \times 3 \times 5^2$. Les deux produits $2^3 \times 3^2 \times 5$, et $2 \times 3 \times 5^2$
étant identiques, le seraient encore si, dans chacun, on suppri-
mait une fois le facteur 2. ce qui reviendrait à les diviser l'un et
l'autre par 2. Le facteur 2^2 resterait encore dans le premier produit, et le diviserait ; il devrait donc diviser le second, ce qui cependant n'aurait pas lieu, puisqu'il n'en diviserait plus aucun
facteur. (26)

30. — *Tout nombre divisible par d'autres nombres, premiers
entre eux deux à deux, est divisible par leur produit.*

Soit 240, un nombre que divisent les nombres 2, 3 et 5, lesquels sont premiers entre eux, deux à deux. Comme 240, divisé
par 2, donne pour quotient 120, on a 240 égal à 2×120 ; d'ailleurs le nombre 3 divise 240, donc il divise 2×120, et, comme
il est premier avec 2, il divise 120. Soit 40 le quotient : $120
= 3 \times 40$; d'où $240 = 2 \times 120 = 2 \times 3 \times 40$. Le nombre 5
divise 240 ; donc il divise $2 \times 3 \times 40$; or il est premier avec
chacun des facteurs 2 et 3 ; donc il divise le facteur 40, et soit 8
le quotient, d'où $40 = 5 \times 8$. On aura alors $240 = 2 \times 120
= 2 \times 3 \times 40 = 2 \times 3 \times 5 \times 8$ ou $240 = (2 \times 3 \times 5)
\times 8$. Par suite $240 : (2 \times 3 \times 5) = 8$. Ce qui démontre le prin-
cipe énoncé.

CONSÉQUENCES : 1° Si un nombre est divisible à la fois par 11 et
par 9, nombres premiers entre eux, il sera divisible par 99 produit de 11 multiplié par 9.

2° *La décomposition d'un nombre en ses facteurs premiers, permet de trouver tous les diviseurs de ce nombre.*

Soit $360 = 2^3 \times 3^2 \times 5$.

De là on conclut que 360 est divisible : 1° par la série 1, 2,
2^2, 2^3 ; 2° par la série 1, 3, 3^2 ; 3° par la série 1, 5. Or, ces séries ne renfermant que des nombres premiers entre eux deux à
deux, lesquels sont tous ceux qui divisent 360 ; les produits successifs de ces mêmes séries fourniront des diviseurs de 360, et les
fourniront tous.

360 est donc divisible par : $1, 2, 2^2, 2^3, 3, 2 \times 3, 2^2 \times 3,$ $2^3 \times 3, 3^2, 2 \times 3^2, 2^2 \times 3^2, 2^3 \times 3^2$, produits des nombres de la première série par ceux de la seconde, multipliés par chacun des nombres de la troisième série, ce qui donne, en tout, les diviseurs :

$1, 2, 2^2, 2^3, 3, 2 \times 3, 2^2 \times 3, 2^3 \times 3, 3^2, 2 \times 3^2, 2^2$ $\times 3^2, 2^3 \times 3^2, 5, 2 \times 5, 2^2 \times 5, 2^3 \times 5, 3 \times 5, 2 \times 3 \times 5,$ $2^2 \times 3 \times 5, 2^3 \times 3 \times 5. 3^2 \times 5, 2 \times 3^2 \times 5, 2^2 \times 3^2 \times 5,$ $2^3 \times 3^2 \times 5$. Soit 24 diviseurs.

On remarquera que le nombre $24 = (3 + 1) \times (2 + 1)(1 + 1)$, c'est-à-dire le produit obtenu en augmentant de 1 chaque exposant des facteurs premiers de 360, et en les multipliant ensuite entre eux.

DÉCOMPOSITION D'UN NOMBRE EN SES FACTEURS PREMIERS.

31. — *Pour décomposer un nombre en ses facteurs premiers on essaie s'il peut être divisé par les nombres premiers qui lui sont inférieurs, à partir de 2. Si la division par 2 réussit exactement, on verra si le quotient peut encore être divisé par 2, et ainsi de suite jusqu'à ce qu'on arrive à un quotient qui n'admette plus 2 pour diviseur.*

On passera ensuite au nombre premier suivant, 3; on verra s'il peut diviser le dernier quotient obtenu; si la division peut réussir on divisera par 3 les quotients successifs, tant que cela sera possible. Si 3 ne peut pas être employé comme diviseur, ou lorsqu'il ne pourra plus l'être, on passera à 5, puis à 7, etc., en suivant la série croissante des nombres premiers sans en omettre un, jusqu'à ce qu'on arrive à trouver pour quotient l'unité. Le nombre proposé devra ensuite être égalé au produit de tous les facteurs premiers qui auront été employés successivement comme diviseurs, pris autant de fois comme facteurs qu'ils auront été pris comme diviseurs.

Soit 10800 à décomposer en ses facteurs premiers. Il suffit, pour suivre la marche indiquée, de jeter un coup-d'œil sur le tableau N° 1, page 35.

D'après les résultats obtenus, l'on aura $10800 = 2 \times 2 \times 2$ $\times 2 \times 3 \times 3 \times 3 \times 5 \times 5$ ou $2^4 \times 3^3 \times 5^2$.

En effet, de toutes les divisions successives effectuées, il résulte les égalités placées au tableau N° 2, page 35.

<table>
<tr><td colspan="2" align="center">N° 1.</td><td colspan="2" align="center">N° 2.</td></tr>
<tr><td align="right">10800</td><td>2</td><td align="right">10800 = 2 ×</td><td>5400</td></tr>
<tr><td align="right">5400</td><td>2</td><td align="right">5400 = 2 ×</td><td>2700</td></tr>
<tr><td align="right">2700</td><td>2</td><td align="right">2700 = 2 ×</td><td>1350</td></tr>
<tr><td align="right">1350</td><td>2</td><td align="right">1350 = 2 ×</td><td>675</td></tr>
<tr><td align="right">675</td><td>3</td><td align="right">675 = 3 ×</td><td>225</td></tr>
<tr><td align="right">225</td><td>3</td><td align="right">225 = 3 ×</td><td>75</td></tr>
<tr><td align="right">75</td><td>3</td><td align="right">75 = 3 ×</td><td>25</td></tr>
<tr><td align="right">25</td><td>5</td><td align="right">25 = 5 ×</td><td>5</td></tr>
<tr><td align="right">5</td><td>5</td><td align="right">5 = 5 ×</td><td>1</td></tr>
<tr><td align="right">1</td><td></td><td></td><td></td></tr>
</table>

Si nous faisons le produit de toutes ces égalités, membre à membre, ces produits seront nécessairement égaux ; mais nous ne détruirons pas l'égalité, en supprimant dans chacun d'eux les facteurs communs, que nous avons indiqués, par de petits chiffres ; et il viendra : $10800 = 2 \times 2 \times 2 \times 2 \times 3 \times 3 \times 3 \times 5 \times 5 = 2^4 \times 3^3 \times 5^2$, ce qu'il fallait démontrer.

32. — Il pourrait arriver qu'on essayât, sans le savoir, de décomposer en ses facteurs premiers un nombre, qui serait lui-même premier absolu.

$$\begin{array}{c|c} 349 & 13 \\ 89 & \overline{\quad 26 \quad} \\ 11 & \end{array} \qquad \begin{array}{c|c} 349 & 17 \\ 09 & \overline{\quad 20 \quad} \\ & \end{array} \qquad \begin{array}{c|c} 349 & 19 \\ 159 & \overline{\quad 18 \quad} \\ 7 & \end{array}$$

Proposons-nous de décomposer 349 en ses facteurs premiers. Ce nombre ne paraît divisible ni par 2, ni par 3, ni par 5, ni par 11. La division par 7 ne réussit pas non plus. J'essaie la division par 13 ; elle donne un reste. Je passe alors au nombre 17 ; la division donne un reste. Je passe à 19 ; la division donne encore un reste. Mais je remarque que le quotient obtenu est déjà plus petit que le diviseur premier essayé. Il est inutile d'aller plus loin ; on en peut conclure que 349 est un nombre premier. En effet, si un des nombres premiers suivants devait diviser exactement 349, le quotient, qui est déjà inférieur à 19, serait, à plus forte raison, inférieur à ce nombre. Il faudrait donc que 349 fût le produit de deux facteurs dont l'un serait inférieur à 19, et que, par conséquent, il admît un diviseur plus petit que 19, ce qui est impossible, puisque nous avons essayé tous les diviseurs premiers successifs depuis 2 jusqu'à 19 inclusivement, sans réussir à le diviser exactement. Il est clair que nous n'avons pas eu besoin d'essayer les nombres composés inférieurs à 19 ; car si 349 eût été divisible par un de ces nombres composés, il l'eût été, à plus forte raison, par ses facteurs premiers.

Le raisonnement eût été absolument le même si, en divisant par 19, j'avais obtenu un quotient égal au diviseur essayé ; de là la règle suivante :

Toutes les fois qu'en cherchant à décomposer un nombre en ses facteurs premiers, une division aura donné un quotient inférieur ou tout au plus égal au nombre premier essayé, on devra en conclure que le nombre proposé est un nombre premier absolu.

Recherchons le plus petit commun multiple et le plus grand commun diviseur de plusieurs nombres donnés, par la décomposition de ces nombres en leurs facteurs premiers.

Remarquons d'abord que lorsqu'un nombre composé contient, parmi ses facteurs premiers, tous ceux d'un second nombre, affectés d'exposants au moins égaux à ceux qu'ils ont dans ce second nombre, il est divisible exactement par ce second nombre.

Soit 10800, nombre composé, égal à $2^4 \times 3^3 \times 5^2$; et 360 égal à $2^3 \times 3^2 \times 5$. Le premier peut être représenté par $2^3 \times 2 \times 3^2 \times 3 \times 5 \times 5$, ou $(2^3 \times 3^2 \times 5) \times (2 \times 3 \times 5)$, ou, en remplaçant les facteurs mis entre parenthèse par leur produit effectué, 360×30 ; et de $10800 = 360 \times 30$, on tire : $10800 : 360 = 30$. Ce qui prouve que le premier nombre est exactement divisible par le second.

La réciproque est vraie. Soit 10800 divisible exactement par 360, et soit 30 le quotient. On aura $10800 = 360 \times 30$. Si on décompose ensuite 360 et 30 en leurs facteurs premiers, il viendra $10800 = 2^3 \times 3^2 \times 5 \times 2 \times 3 \times 5.$ (29)

Ce qui montre que 10800 contient les facteurs premiers de 360, avec des exposants au moins égaux à ceux dont ils sont affectés dans 360.

33. — On en conclura que pour qu'un nombre soit divisible par un autre, il est nécessaire et suffisant qu'il contienne parmi ses facteurs premiers tous ceux de cet autre, affectés d'exposants au moins égaux à ceux qu'ils ont dans cet autre.

34. — *Plus grand commun diviseur de plusieurs nombres donnés.*

Soient les nombres 560, 630 et 3500. Nous les décomposerons en leurs facteurs premiers :

560	2		630	2		3500	2
280	2		315	3		1750	2
140	2		105	3		875	5
70	2		35	5		175	5
35	5		7	7		35	5
7	7		1			7	7
1						1	

Il viendra : $560 = 2^4 \times 5 \times 7$; $630 = 2 \times 3^2 \times 5 \times 7$; $3500 = 2^2 \times 5^3 \times 7$. Formons ensuite un produit composé seulement des facteurs communs aux nombres proposés, et pris avec le plus faible exposant dont ils soient affectés, ce qui donnera $2 \times 5 \times 7 = 70$. Ce nombre sera le plus grand commun diviseur cherché. En effet, chacun des nombres proposés remplit vis-à-vis de 70 la condition nécessaire et suffisante énoncée plus haut (33) ; mais ne la remplirait pas vis-à-vis d'un nombre qui contiendrait seulement un facteur premier en outre de ceux qui composent 70, ou un facteur affecté d'un exposant plus fort.

35. — *Plus petit commun multiple de plusieurs nombres donnés.*
Soient proposés les nombres de l'exemple précédent.

Après les avoir décomposés en leurs facteurs premiers, comme nous venons de le faire, formons un produit composé de tous les facteurs premiers trouvés, tant de ceux qui sont communs à tous ou à plusieurs, que de ceux qui n'appartiennent qu'à quelques-uns ou à un seul, et prenons ceux qui sont communs avec le plus haut exposant dont ils soient affectés ; nous obtenons le produit : $2^4 \times 3^2 \times 5^3 \times 7 = 126000$, qui est le plus petit commun multiple cherché. En effet, ce nombre remplit vis-à-vis de chacun des nombres proposés les conditions énoncées plus haut (33) ; mais il ne les remplirait plus, s'il avait seulement un facteur de moins, ou un de ses facteurs affecté d'un exposant plus faible.

CHAPITRE IV.

FRACTIONS ET NOMBRES FRACTIONNAIRES.

§ Ier. Fractions ordinaires.

36. — *On appelle fraction une ou plusieurs parties de l'unité divisée en parties égales.*
Le nombre qui exprime en combien de parties égales l'unité a été partagée s'appelle DÉNOMINATEUR

Le nombre qui indique combien on prend de parties égales de l'unité s'appelle NUMÉRATEUR. Le numérateur et le dénominateur d'une fraction s'appellent les TERMES de cette fraction.

Pour écrire une fraction on écrit le numérateur au-dessus du dénominateur en les séparant par une barre de division.

Exemple : $\frac{5}{6}$

Pour lire une fraction, on énonce d'abord son numérateur comme un nombre ordinaire, puis on énonce son dénominateur, en y ajoutant la terminaison *ième*. La fraction précédente se lira donc : *cinq sixièmes*. Il faut excepter les fractions dont les dénominateurs sont 2, 3, 4, comme $\frac{1}{2}$, $\frac{2}{3}$, $\frac{3}{4}$, qui se lisent : *un demi, deux tiers, trois quarts*.

Les fractions ont deux origines :

1° Lorsqu'on a à mesurer une quantité plus petite que son unité, on partage l'unité en un certain nombre de parties égales, puis on voit à combien de ces parties la quantité à mesurer est égale. Si, par exemple, il a fallu partager l'unité en 12 parties égales, c'est-à-dire en douzièmes, et que la quantité à mesurer soit égale à 5 de ces parties, on dira que cette quantité vaut cinq douzièmes, et le nombre qui exprime la valeur de cette quantité sera la fraction $\frac{5}{12}$.

2° Les fractions proviennent aussi d'une division qui ne s'effectue pas exactement.

Soit à diviser 37 par 5. D'après une des définitions de la division, c'est prendre la cinquième partie de 37. La division nous donnera, comme on sait, 7 pour quotient avec un reste égal à 2 ; mais comme 5 fois 7 ne font que 35, il s'ensuit que 7 est la cinquième partie de 35, et que pour avoir la cinquième partie de 37 il faudrait encore prendre la cinquième partie de 2. Or, la cinquième partie de 2 est exprimée par la fraction $\frac{2}{5}$. En effet, la cinquième partie d'une unité étant $\frac{1}{5}$, et la cinquième partie d'une seconde unité étant encore $\frac{1}{5}$, évidemment la cinquième partie de deux unités réunies est $\frac{1}{5} + \frac{1}{5}$ ou $\frac{2}{5}$ (deux cinquièmes) ; donc $\frac{2}{5}$ représentent le cinquième de deux unités ; ce qui fait voir qu'une fraction n'est autre que le quotient de son numérateur divisé par son dénominateur. D'après cela le quotient de 37 divisé par 5 est égal à 7 $\frac{2}{5}$, et l'on voit que quand une division ne réussit pas exactement, on peut la compléter par une fraction dont le numérateur est le reste de la division et dont le dénominateur est le diviseur de cette même division. (15, Remarque).

La valeur d'une fraction dépend de celle de ses termes, comme nous allons l'établir par les trois principes suivants :

37. — **1ᵉʳ Principe.** *Toute fraction est en raison directe de son numérateur, c'est-à-dire, si le numérateur d'une fraction devient un certain nombre de fois plus grand ou plus petit, la fraction devient ce même nombre de fois plus grande ou plus petite.*

En effet, soient les fractions $\frac{2}{11}$ et $\frac{2\times3}{11}$ ou $\frac{6}{11}$.

Le numérateur 2 de la première indique que je prends 2 parties de l'unité, et le numérateur 6 de la seconde, qui est 3 fois plus fort, indique que je prends trois fois plus de parties de l'unité ; d'ailleurs les parties sont les mêmes, puisque le dénominateur n'a pas changé ; la seconde fraction est donc trois fois plus grande que la première.

Soient encore $\frac{8}{11}$ et $\frac{8:2}{11}$ ou $\frac{4}{11}$.

Le numérateur 8 de la première fraction indique que l'on prend 8 parties de l'unité, et le numérateur 4 de la seconde, qui est 2 fois plus petit, indique que l'on prend deux fois moins de parties de l'unité ; d'ailleurs les parties sont les mêmes, puisque le dénominateur n'a pas changé ; la seconde fraction est donc deux fois plus petite que la première.

2ᵐᵉ **Principe.** *Toute fraction est en raison inverse avec son dénominateur, c'est-à-dire, si le dénominateur d'une fraction devient un certain nombre de fois plus grand ou plus petit, la fraction devient, au contraire, ce même nombre de fois plus petite ou plus grande.*

Soient les fractions $\frac{5}{6}$ et $\frac{5}{6\times2}$ ou $\frac{5}{12}$.

Le dénominateur de la première indique que l'unité a été partagée en 6 parties égales, et le dénominateur 12 de la seconde, qui est 2 fois plus grand, indique que l'unité a été partagée en deux fois plus de parties, et, par conséquent, en parties deux fois plus petites ; d'ailleurs on en prend toujours le même nombre, puisque le numérateur n'a pas changé ; la seconde fraction est donc 2 fois plus petite que la première.

Soient encore les fractions $\frac{5}{21}$ et $\frac{5}{21:3}$ ou $\frac{5}{7}$.

Le dénominateur 21 de la première indique que l'unité a été partagée en 21 parties égales, et le dénominateur 7 de la seconde, qui est trois fois plus petit, indique que l'unité a été partagée en trois fois moins de parties et, par conséquent, en parties trois fois plus grandes et, comme on en prend le même nombre dans les deux fractions, puisque le numérateur n'a pas changé, il s'ensuit que la seconde est trois fois plus grande que la première.

3ᵐᵒ Principe. *On ne change pas la valeur d'une fraction en multipliant ou en divisant ses deux termes par un même nombre.*

Soit la fraction $\frac{2}{7}$; si je multiplie par 2 son numérateur je la rends deux fois plus grande (1ᵉʳ Principe); mais si je multiplie aussi par 2 son dénominateur je la rends deux fois plus petite (2ᵉ principe); elle n'aura donc pas changé de valeur, parce qu'il y aura compensation.

De même, en divisant par 2 le numérateur, je rendrai la fraction deux fois plus petite; mais en divisant par 2 le dénominateur, elle deviendra deux fois plus grande, et, par conséquent, elle n'aura pas changé de valeur.

Dans toute fraction proprement dite le numérateur est plus petit que le dénominateur.

On appelle *expression fractionnaire* un nombre ayant la forme d'une fraction, mais dont le numérateur est plus grand que le dénominateur. L'expression contient plus de parties qu'il n'en faut pour former une unité.

Exemple : $\frac{9}{5}$.

Si on augmente les deux termes d'une fraction, d'un même nombre, la fraction devient plus forte.

Soit la fraction $\frac{5}{12}$; en ajoutant 2 à chaque terme nous obtenons $\frac{7}{14}$. Cette dernière fraction est inférieure à l'unité d'un nombre de parties égales à l'excès du dénominateur sur le numérateur, c'est-à-dire, de sept parties; mais comme on ne change pas la différence de deux nombres en les augmentant l'un et l'autre d'un même nombre, la première fraction présente la même différence entre ses deux termes et par conséquent elle est aussi inférieure à l'unité de sept parties; d'ailleurs ces sept parties dans la seconde fraction sont nécessairement plus petites que dans la première, puisque le dénominateur est devenu plus fort, il s'ensuit que la seconde fraction est plus proche de l'unité que la première, ce qui démontre le principe énoncé.

On ferait de même voir qu'en retranchant un même nombre aux deux termes d'une fraction, on diminue la valeur de cette fraction.

Au contraire, si l'on a une expression fractionnaire, telle que $\frac{9}{5}$, on diminue sa valeur, en augmentant ses deux termes d'un même nombre. En effet, l'expression fractionnaire dépasse l'unité d'un nombre de parties égal à l'excès du numérateur sur le dénominateur, et cet excès reste le même, quand on augmente les deux termes d'un même nombre ; mais les parties deviennent plus petites, puisqu'on a augmenté le dénominateur. Au contraire, elles deviennent plus grandes quand on diminue les deux termes d'un même nombre.

RÉDUCTION DES FRACTIONS AU MÊME DÉNOMINATEUR.

38. — PREMIÈRE MÉTHODE OU MÉTHODE ORDINAIRE. *Si l'on a deux fractions seulement, pour les réduire au même dénominateur, on multiplie les deux termes de la première par le dénominateur de la seconde et les deux termes de la seconde par le dénominateur de la première.*

Soient les fractions $\frac{2}{3}$ et $\frac{5}{6}$. En multipliant les deux termes de la première par le dénominateur 6 de la seconde elle devient $\frac{12}{18}$; en multipliant les deux termes de la seconde par le dénominateur 3 de la première, elle devient $\frac{15}{18}$; les deux fractions $\frac{12}{18}$ et $\frac{15}{18}$ ont la même valeur que les fractions proposées, car les deux termes de chacune d'elles ont été multipliés par un même nombre, ce qui n'a pas changé leur valeur (37, 3e Principe) ; de plus elles ont même dénominateur, car le dénominateur de la première est 3×6, et celui de la seconde est 6×3, produits égaux comme on sait (11).

Si on a plus de deux fractions, il faudra multiplier les deux termes de chacune d'elles par le produit des dénominateurs de toutes les autres.

Soient les fractions $\frac{1}{2}$, $\frac{2}{3}$, $\frac{3}{4}$ et $\frac{5}{6}$.

On multipliera les deux termes de la première fraction par le produit $3 \times 4 \times 6 = 72$, des dénominateurs des autres ; on multipliera les deux termes de la seconde par le produit $2 \times 4 \times 6 = 48$, des dénominateurs des autres, et ainsi de suite.

Nous indiquons, dans le tableau ci-dessous, comment on peut disposer cette opération. On voit que les deux termes de chaque fraction sont multipliés par un même nombre, par conséquent les fractions conservent leur valeur. On peut encore remarquer que chaque fraction se trouve, après cette opération, avoir pour dénominateur le produit de tous les dominateurs des

| 72 | 48 | 36 | 24 |

| $\frac{1}{2}$ | $\frac{2}{3}$ | $\frac{3}{4}$ | $\frac{5}{6}$ |

| $\frac{72}{144}$ | $\frac{96}{144}$ | $\frac{108}{144}$ | $\frac{120}{144}$ |

fractions proposées ; ces dénominateurs ne sont pas multipliés dans le même ordre, il est vrai ; mais on sait que cela ne change pas le produit (11) ; les fractions auront donc toutes le même dénominateur.

39. — 2ᵉ MÉTHODE. Il est ordinairement trop long de procéder comme nous venons de le dire ; on emploie de préférence la méthode du plus petit commun multiple des dénominateurs des fractions proposées.

A cet effet, on examinera si le plus grand des dénominateurs est divisible par chacun des autres, et alors ce sera le plus petit commun multiple de tous les dénominateurs. On divisera ce plus petit commun multiple par chacun des autres dénominateurs successivement, et on multipliera les deux termes de la fraction correspondante par le quotient obtenu. De cette manière, un dénominateur quelconque proviendra du quotient de la division respective, multiplié par le diviseur, et, par conséquent, il sera toujours égal au dividende, c'est-à-dire, au plus petit commun multiple employé.

Soit proposé de réduire, par cette méthode, les fractions : $\frac{1}{2}, \frac{2}{3}, \frac{3}{4}, \frac{5}{6}$ et $\frac{7}{12}$, au même dénominateur.

Ici le plus grand dénominateur, 12, étant divisible par chacun des autres, sera le plus petit commun multiple. En le divisant par le dénominateur de la première fraction, nous aurons pour quotient 6, et nous multiplierons par 6 chacun des termes de cette première fraction, ce qui nous donnera $\frac{6}{12}$; en le divisant par 3, dénominateur de la seconde, nous aurons pour quotient 4 et nous multiplierons par 4 chacun des termes de la seconde fraction, ce qui nous donnera $\frac{8}{12}$, et ainsi de suite.

On disposera l'opération comme ci-dessous :

Si le plus grand dénominateur de toutes les fractions proposées ne peut pas servir de plus petit commun multiple entre les dénominateurs de ces fractions, on essaiera si en multipliant ce plus grand dénominateur par un nombre assez simple comme 2, 3, 4, etc., on pourrait le rendre divisible par chacun des autres dénominateurs. Si ce moyen ne semble pas réussir, on se donnera alors le plus petit commun multiple de tous les dénominateurs, après les avoir décomposés en leurs facteurs premiers. (35)

6	4	3	2	1
$\frac{1}{2}$	$\frac{2}{3}$	$\frac{3}{4}$	$\frac{5}{6}$	$\frac{7}{12}$
$\frac{6}{12}$	$\frac{8}{12}$	$\frac{9}{12}$	$\frac{10}{12}$	$\frac{7}{12}$

SIMPLIFICATION DES FRACTIONS.

40. — *Simplifier une fraction c'est la remplacer par une autre dont les deux termes sont des nombres plus simples.*

À cet effet on divise les deux termes de la fraction par le même nombre, ce qui n'en change pas la valeur (37, 3e Principe).

Une fraction est réduite à sa plus simple expression lorsque ses deux termes sont premiers entre eux. On est donc sûr d'avoir une fraction réduite à sa plus simple expression, si on divise ses deux termes par leur plus grand commun diviseur. Une fraction réduite à sa plus simple expression s'appelle encore irréductible.

Exemple : Soit la fraction $\frac{18}{48}$. En divisant ses deux membres par 2 j'obtiens $\frac{9}{24}$, fraction plus simple ; mais si je divise par 6 au lieu de diviser par 2, j'aurai $\frac{3}{8}$, fraction irréductible, ou réduite à sa plus simple expression. Cela tient à ce que, dans le dernier cas, j'ai divisé ses deux termes par leur plus grand commun diviseur. (23. Th. 3).

RÉDUCTION D'UN NOMBRE FRACTIONNAIRE EN EXPRESSION FRACTIONNAIRE.

41. — Soit $8\frac{2}{7}$, un nombre fractionnaire. Pour le réduire en expression fractionnaire, on réduira sa partie entière en fraction de même espèce que la fraction du nombre proposé. Pour cela on dira : Puisqu'un entier vaut 7 septièmes, 8 entiers vaudront 8 fois plus de septièmes, c'est-à-dire, un nombre de septièmes égal à 7×8 ou 56. Si donc nous ajoutons $\frac{56}{7}$ à $\frac{2}{7}$, nous aurons pour la valeur du nombre fractionnaire proposé $\frac{58}{7}$; d'où l'on voit que *pour réduire un nombre fractionnaire en expression fractionnaire, il faut multiplier la partie entière de ce nombre par le dénominateur de la fraction, ajouter au produit le numérateur et mettre la somme en fraction sur le dénominateur.*

EXTRACTION DES ENTIERS CONTENUS DANS UNE EXPRESSION FRACTIONNAIRE.

42. — Soit $\frac{17}{5}$ une expression fractionnaire. Puisque une unité vaut $\frac{5}{5}$, autant de fois $\frac{5}{5}$ seront contenus dans $\frac{17}{5}$ ou, ce qui est la même chose, autant de fois 5 sera contenu dans 17, autant il y aura d'unités dans l'expression proposée ; or 5 est contenu 3 fois dans 17, et il reste 2 ; on peut donc écrire : $\frac{17}{5} = 3\frac{2}{5}$. Par conséquent, *pour extraire les entiers contenus dans une expression* *fractionnaire, il faut diviser le numérateur par le dénominateur, et le quotient exprime le nombre d'entiers contenus dans l'expression fractionnaire ; le reste représente évidemment des parties de même espèce que l'expression proposée ; il doit donc se mettre en fraction sur le dénominateur de cette expression.*

ADDITION DES FRACTIONS.

43. — Soit à faire l'addition $\frac{5}{21} + \frac{8}{21} + \frac{2}{21}$; il est clair que la somme sera un nombre de vingt unièmes égal à la somme $5 + 8 + 2$; donc, *pour additionner des fractions réduites au même dénominateur, on fait la somme des numérateurs, et l'on met cette somme en fraction sur le dénominateur commun.*

Ainsi l'addition proposée nous donne $\frac{5}{21} + \frac{8}{21} + \frac{2}{21} = \frac{5+8+2}{21} = \frac{15}{21}$.

Si les fractions ne sont pas réduites au même dénominateur, on commencera par opérer cette réduction.

Soit à additionner des nombres fractionnaires tels que $17\frac{2}{3}$, $5\frac{3}{4}$, $11\frac{5}{6}$. On commencera par additionner les fractions entre elles, après les avoir réduites au même dénominateur. On extraira les entiers contenus dans cette somme, s'il y a lieu, et on les retiendra pour les ajouter avec les entiers des nombres fractionnaires donnés. Cette règle découle du but même de l'addition, qui, ayant pour but de réunir plusieurs nombres en un seul, réunit ensemble les unités de même espèce dont ils se composent.

Pour opérer plus commodément, on disposera l'opération comme ci-dessous :

$$
\begin{array}{cc|c}
17\ \frac{2}{3} & 8 & \\
5\ \frac{3}{4} & 9 & 12 \\
11\ \frac{5}{6} & 10 & \\
\hline
35\ \frac{1}{4} & 27_3 & 2\ \frac{3}{12} = 2\ \frac{1}{4}
\end{array}
$$

SOUSTRACTION DES FRACTIONS.

44. — Soit proposée la soustraction $\frac{7}{9} - \frac{4}{9}$. Il est clair que le résultat exprimera un nombre de neuvièmes égal à la différence $7 - 4$. Donc, *pour retrancher deux fractions, ayant même dénominateur, l'une de l'autre, on retranchera le numérateur de la plus petite de celui de la plus grande, et on mettra la différence en fraction sur le dénominateur commun. Si les fractions n'ont pas le* *même dénominateur il faudra commencer par les réduire au même dénominateur.*

Pour retrancher un nombre fractionnaire d'un autre nombre fractionnaire, il suffira évidemment de retrancher chaque partie de l'un de chaque partie de l'autre. On retranche donc la fraction du plus petit nombre de la fraction du plus grand, puis on retranche le plus petit nombre entier du plus grand. S'il arrivait que la fraction du plus petit nombre fût plus grande que celle du plus grand, on augmenterait cette dernière d'une unité réduite en fraction de son espèce ; puis, pour ne pas changer la différence des nombres fractionnaires proposés, on ajouterait une unité au plus petit nombre entier.

Nous donnerons un exemple de ce dernier cas.

Il suffira, pour le comprendre, de jeter les yeux sur le tableau ci-dessous :

$$
\begin{array}{r|r|r|r}
 & & +40 & \\
183 & \tfrac{3}{5} & 24 & \\
\hline
 & & 64 & \\
 & & & 40 \\
79 & \tfrac{7}{8} & 35 & \\
\hline
103 & \tfrac{20}{40} & 29 & \\
\end{array}
$$

MULTIPLICATION DES FRACTIONS.

45. — Nous distinguerons trois cas :

1er cas. *Une fraction à multiplier par un nombre entier.*

Soit $\tfrac{17}{20} \times 4$. Le multiplicateur étant quatre fois plus fort que l'unité, le produit devra, d'après la définition de la multiplication, être quatre fois plus fort que le multiplicande $\tfrac{17}{20}$; or, il y a deux manières de rendre la fraction $\tfrac{17}{20}$ quatre fois plus forte. On peut multiplier son numérateur 17, par 4, ce qui donnera $\tfrac{17 \times 4}{20} = \tfrac{68}{20}$, ou diviser son dénominateur 20, par 4, ce qui donnera $\tfrac{17}{5}$. On voit donc que *pour multiplier une fraction par un nombre entier, il faut multiplier le numérateur de cette fraction par le nombre entier ou diviser son dénominateur par ce même nombre entier, si cela est possible.*

2º cas. *Un nombre entier à multiplier par une fraction.*

Soit $8 \times \tfrac{2}{3}$. Le produit devant se composer avec le multiplicande, comme le multiplicateur se compose avec l'unité, sera un nombre deux fois plus fort que le tiers de 8, puisque le multiplicateur est deux fois plus fort que le tiers de 1 ; or le tiers de 8 est égal à $\frac{8}{3}$. Il n'y a donc qu'à rendre l'expression $\frac{8}{3}$ deux fois plus forte, ce qui donnera $\frac{8 \times 2}{3}$. Donc, *pour multiplier un nombre entier par une fraction, il faut multiplier ce nombre entier par le numérateur de la fraction, et mettre le produit en fraction sur le dénominateur.*

3ᵉ cas. *Une fraction à multiplier par une fraction.*

Soit $\frac{3}{4} \times \frac{5}{6}$. Le produit devra se composer avec $\frac{3}{4}$ comme $\frac{5}{6}$ se compose avec l'unité ; or $\frac{5}{6}$ est cinq fois plus grand que le sixième de l'unité ; donc le produit cherché doit être cinq fois plus grand que le sixième de $\frac{3}{4}$; d'ailleurs le sixième de $\frac{3}{4}$ est $\frac{3}{4 \times 6}$. (37, 2ᵒ Principe.) Il n'y a plus qu'à rendre cette expression cinq fois plus forte, ce qui donnera $\frac{3 \times 5}{4 \times 6}$. Donc, *pour multiplier une fraction par une autre fraction, on multipliera les numérateurs entre eux et les dénominateurs entre eux, et l'on mettra les produits en fraction l'un sur l'autre.*

Si la multiplication devait porter sur des nombres fractionnaires, on les réduirait en expressions fractionnaires et l'on retomberait dans l'un des cas précédents.

Ainsi $5\frac{2}{3} \times 4\frac{1}{7} = \frac{17}{3} \times \frac{29}{7} = \frac{493}{21}$.

FRACTIONS DE FRACTIONS.

46. — *On appelle fraction de fraction une quantité qui fait partie d'une seconde quantité, qui peut elle-même faire partie d'une troisième quantité, et ainsi de suite.*

Soit proposé de prendre les $\frac{2}{3}$ des $\frac{5}{6}$ de $\frac{8}{9}$.

Prenons d'abord les $\frac{5}{6}$ de $\frac{8}{9}$.

Pour cela, il faudra multiplier $\frac{8}{9}$ par $\frac{5}{6}$; en effet, le produit se composera avec $\frac{8}{9}$ comme $\frac{5}{6}$ se compose avec l'unité ; mais $\frac{5}{6}$ n'est autre chose que les $\frac{5}{6}$ de l'unité : le produit obtenu sera donc les $\frac{5}{6}$ de $\frac{8}{9}$; comme on demande les $\frac{2}{3}$ des $\frac{5}{6}$ de $\frac{8}{9}$, il n'y aura donc plus qu'à prendre les $\frac{2}{3}$ du produit $\frac{8}{9} \times \frac{5}{6}$ ou $\frac{8 \times 5}{9 \times 6}$. Or, d'après le raisonnement précédent, on prendra les $\frac{2}{3}$ de ce produit en le multipliant par $\frac{2}{3}$, ce qui nous donnera $\frac{8 \times 5}{9 \times 6} \times \frac{2}{3}$ ou $\frac{8 \times 5 \times 2}{9 \times 6 \times 3}$. Nous sommes conduits à multiplier plusieurs fractions entre elles ; pour cela nous multiplierons les deux premières l'une par l'autre, puis la fraction obtenue comme produit par la troisième, et ainsi de suite. On voit donc que *pour prendre une fraction de fraction il ne s'agit que de multiplier entre elles les fractions données.*

Le raisonnement précédent nous fait voir que, *pour prendre une fraction d'un nombre, qu'il soit entier ou fractionnaire, il n'y a qu'à multiplier ce nombre par cette fraction.*

D'après la règle donnée pour le 3ᵉ cas de la multiplication : $\frac{7}{8} \times \frac{9}{11} = \frac{7 \times 9}{8 \times 11}$ et $\frac{9}{11} \times \frac{7}{8} = \frac{9 \times 7}{11 \times 8}$. Si on compare ces deux résultats, on voit qu'ils sont identiques ; car les numérateurs 7 × 9 et 9 × 7 sont égaux (11), ainsi que les dénominateurs 8 × 11 et 11 × 8. Cela nous apprend qu'on ne change pas la valeur d'un produit de deux fractions en intervertissant l'ordre de ces deux fractions. On pourrait, en procédant comme pour les nombres entiers, étendre ce principe et l'appliquer au produit d'un nombre quelconque de fractions. Nous admettrons donc pour les fractions, comme pour les nombres entiers, qu'il est permis d'intervertir l'ordre des facteurs sans changer la valeur du produit, et nous admettons aussi pour les fractions tous les autres principes qui ont été démontrés pour les nombres entiers (11, 12, 13) et qui découlent du premier.

Remarques : 1° *Le produit de deux fractions est plus petit que chacune d'elles.*

Soit $\frac{3}{4} \times \frac{5}{6}$. D'après le raisonnement qui a été fait plus haut, le produit n'est que les $\frac{5}{6}$ de $\frac{3}{4}$; il est donc plus petit que $\frac{3}{4}$; mais comme on peut intervertir l'ordre des facteurs, ce produit serait égal à $\frac{5}{6} \times \frac{3}{4}$, et, par conséquent, ne serait que les $\frac{3}{4}$ de $\frac{5}{6}$, et, dès-lors, plus petit que $\frac{5}{6}$.

2° Il suit de là, *qu'une puissance quelconque d'une fraction est plus petite que cette fraction.* Ainsi $\left(\frac{2}{3}\right)^2$ nous représentant le produit de $\frac{2}{3} \times \frac{2}{3}$, n'est que les $\frac{2}{3}$ de $\frac{2}{3}$; c'est donc une fraction plus petite que $\frac{2}{3}$; à plus forte raison $\left(\frac{2}{3}\right)^3$, qui n'est que les $\frac{2}{3}$ de $\left(\frac{2}{3}\right)^2$.

DIVISION DES FRACTIONS.

47. — Nous distinguerons trois cas.

1ᵉʳ cas. — *Soit une fraction à diviser par un nombre entier.*

Soit $\frac{21}{48}$ à diviser par 3 ; c'est chercher un nombre qui multiplié par 3 reproduise $\frac{21}{48}$. Ce nombre doit être 3 fois plus petit que $\frac{21}{48}$ et nous l'obtiendrons, par conséquent, en divisant le numérateur de la fraction proposée par 3, ce qui donne $\frac{7}{48}$ (37, 1ᵉʳ Principe); ou en multipliant le dénominateur 48, par 3 (37, 2ᵉ Principe), ce qui donnera $\frac{21}{144}$. Donc, *pour diviser une fraction par un nombre entier il faut multiplier le dénominateur de cette fraction par le nombre*

*entier, ou diviser le numérateur par ce nombre entier, si cela est
possible.*

2ᵉ cas. *Un nombre entier à diviser par une fraction.*

Soit $28 : \frac{3}{4}$; c'est chercher un nombre qui, multiplié par $\frac{3}{4}$,
donne 28, ou dont les $\frac{3}{4}$ valent 28.

Puisque les $\frac{3}{4}$ du nombre cherché valent 28,

$$\frac{1}{4} \text{ vaudra} \ldots \ldots \frac{28}{3}, \text{ c'est-à-dire 3 fois moins,}$$

$$\text{et les } \frac{4}{4} \text{ vaudront} \ldots \frac{28 \times 4}{3}, \text{ c'est-à-dire 4 fois plus.}$$

Or, $\frac{28 \times 4}{3}$ n'est autre chose que $28 \times \frac{4}{3}$. On voit donc que, *pour
diviser un nombre entier par une fraction, il faut multiplier ce
nombre par la fraction renversée.*

3ᵉ cas. *Une fraction à diviser par une autre fraction.*

Soit $\frac{3}{4}$ à diviser par $\frac{5}{6}$; c'est chercher un nombre qui, multiplié
par $\frac{5}{6}$, donne $\frac{3}{4}$, ou dont les $\frac{5}{6}$ valent $\frac{3}{4}$.
Puisque les $\frac{5}{6}$ du nombre cherché valent $\frac{3}{4}$,

$$\frac{1}{6} \text{ vaudra} \ldots \ldots \frac{3}{4 \times 5}, \text{ c. à d. 5 fois moins,}$$

$$\text{et les } \frac{6}{6} \text{ vaudront} \ldots \ldots \frac{3 \times 6}{4 \times 5}, \text{ c. à d. 6 fois plus que } \frac{1}{6}$$

Or $\frac{3 \times 6}{4 \times 5}$ n'est autre chose que $\frac{3}{4} \times \frac{6}{5}$, ce qui prouve que, *pour
diviser une fraction par une autre fraction, il faut multiplier la
fraction dividende par la fraction diviseur renversée.*

Si la division devait porter sur des nombres fractionnaires, on
les réduirait en expressions fractionnaires, et on retomberait dans
un des cas précédents.

§ 2. Fractions décimales.

48. — *Les fractions décimales sont celles dans lesquelles l'unité,
au lieu d'être partagée en un nombre quelconque de parties égales,
est partagée en parties de dix en dix fois plus petites les unes que
les autres.*

Ainsi l'unité est partagée en dix parties égales ou en *dixièmes*.
Chaque dixième est partagé en dix parties égales à son tour, et,
par conséquent, l'unité se trouve partagée en 10 fois 10 ou 100
parties égales, ou en *centièmes*. De même le centième est partagé
en dix parties égales, et, par conséquent, l'unité est partagée en
100 fois 10 ou 1000 parties égales, ou en *millièmes*. Le millième
partagé en 10 parties égales donnera des *dix-millièmes ;* puis on
aura des *cent-millièmes,* etc.

Les fractions décimales auraient donc pour dénominateur l'unité suivie d'un certain nombre de zéros ou les diverses puissances de 10.

Les fractions décimales s'appellent encore fractions à un seul terme, parce que, en se basant sur le principe fondamental de la numération écrite, on peut en supprimer le dénominateur.

Soit à écrire 37 unités, 8 dixièmes. On sait que tout chiffre placé à la droite d'un autre exprime des unités 10 fois plus faibles que celles de cet autre. Or, 8 dixièmes sont des unités 10 fois plus faibles que les unités simples ; le chiffre 8 doit donc être placé à droite du chiffre des unités simples, lequel sera d'ailleurs marqué par une virgule, écrite à sa droite, et l'on aura : 37, 8. De même le chiffre des centièmes aura sa place à droite de celui des dixièmes ; le chiffre des millièmes aura sa place à droite de celui des centièmes, etc.

Si le nombre n'est qu'une fraction décimale, sans partie entière, au lieu du chiffre des unités , on écrit un zéro, à la droite duquel on met la virgule. Exemple : 0,8. Le nombre 37,8 est un nombre décimal ; les nombres 0,8, 0,93, 0,065 sont des fractions décimales. Dans les nombres décimaux et dans les fractions décimales, on donne le nom de *chiffres décimaux* ou *décimales* aux chiffres venant à droite de la virgule. Ainsi 27,8543 est un nombre ayant quatre décimales.

MANIÈRES D'ÉNONCER UN NOMBRE DÉCIMAL OU UNE FRACTION DÉCIMALE.

49. — Il y trois manières d'énoncer un nombre décimal.

1° Soit 37,8546. On peut dire : 37 unités, 8 dixièmes, 5 centièmes, 4 millièmes, 6 dix-millièmes. Cela résulte immédiatement de ce que nous venons de dire.

2° On peut dire : 37 unités, 8546 dix-millièmes, en comprenant toute la partie décimale dans un seul nombre, auquel on donne le nom de l'unité décimale du dernier chiffre à droite ; en effet, la partie décimale, mise sous la forme de fraction ordinaire, donne : $\frac{8}{10}$, $\frac{5}{100}$, $\frac{4}{1000}$, $\frac{6}{10000}$; si on réduit ces quatre fractions au même dénominateur, en prenant pour plus petit dénominateur 10000, on aura : $\frac{800}{10000}$, $\frac{500}{10000}$, $\frac{40}{10000}$, $\frac{6}{10000}$; ce qui donnera, en additionnant : $\frac{8546}{10000}$; donc la partie décimale peut s'énoncer 8546 dix-millièmes ; c. q. f. d.

3° On peut comprendre la partie entière et la partie décimale dans un seul nombre, auquel on donne le nom de la dernière unité décimale.

Ainsi 37,8546 peut se lire : 378546 dix-millièmes.

En effet, nous savons que ce nombre peut se mettre sous la forme : 37 $\frac{8546}{10000}$, ce qui égale, en réduisant les entiers en dix-millièmes : $\frac{370000}{10000} + \frac{8546}{10000}$, ou, en additionnant : $\frac{378546}{10000}$; soit : 378546 dix-millièmes.

MANIÈRE D'ÉCRIRE UN NOMBRE DÉCIMAL.

50. — 1° Si le nombre est énoncé de la première manière, on écrit d'abord la partie entière ou un zéro, pour en tenir la place, et, à sa droite, une virgule ; puis on écrit successivement chacun des chiffres de la partie décimale, en lui faisant occuper le rang marqué par l'énoncé.

2° Si le nombre est lu de la seconde manière, on écrit la partie entière ou le zéro qui en tient la place, et, à sa droite, une virgule ; puis on écrira le nombre qui représente la partie décimale tel qu'il a été énoncé, en ayant soin de placer des zéros entre la virgule et les plus hautes unités décimales, si cela est nécessaire, pour faire occuper au dernier chiffre décimal le rang marqué par l'énoncé.

Ainsi, pour écrire 9 unités, 37 dix-millièmes, on écrira 9,0037.

3° Si le nombre est lu de la troisième manière, on l'écrit comme si c'était un nombre entier, puis on placera une virgule, de manière à faire exprimer au dernier chiffre à droite les unités marquées par l'énoncé.

Soit à écrire 8548 centièmes. Après avoir écrit le nombre 8548, on sépare par une virgule deux chiffres sur la droite, et on a : 85,48.

51. — **Remarques.** *1° Pour multiplier un nombre décimal par 10, par 100, par 1000, etc., on n'a qu'à avancer la virgule d'un, de deux, de trois, etc., rangs vers la droite.*

Soit 83,5489. Ce nombre multiplié par 100 donnera 8354,89.

En effet, chacun des chiffres du nombre 8354,89 exprime des unités cent fois plus fortes que dans le nombre donné 83,5489 ; celui-ci est donc rendu cent fois plus fort, ou multiplié par 100.

Quand la virgule a été portée après le dernier chiffre décimal, on peut continuer à multiplier en ajoutant des zéros. Ainsi : 0,37 multiplié par 1000, donne 3700.

2° Pour diviser un nombre décimal par 10, par 100, par 1000, etc., on recule la virgule d'un, de deux, de trois rangs, etc., vers la gauche.

Soit le nombre 83,548.

En reculant la virgule de deux rangs vers la gauche, on obtient 0,83548.

Ce dernier nombre est cent fois plus petit que le premier ; car il est facile de voir que ses chiffres, étant les mêmes que ceux du premier, expriment néanmoins des unités cent fois plus petites.

Soit encore à diviser 59,247 par 10000, on obtiendra 0,0059247.

3° On ne change pas la valeur d'un nombre décimal en écrivant des zéros à sa droite ou en en supprimant.

Ainsi la valeur des nombres 0,47 et 0,4700 est la même. En effet, le second nombre exprime un nombre cent fois plus fort d'unités qui, par compensation, sont cent fois plus petites ; il est donc égal au premier.

ADDITION ET SOUSTRACTION DES NOMBRES DÉCIMAUX.

52. — *L'addition et la soustraction s'effectuent absolument de la même manière que celles des nombres entiers et se raisonnent de la même manière.*

Soit proposée l'addition : 37,2485 + 0,794 + 753,28 + 84,065.

Pour que les unités de même ordre soient bien placées les unes

$$\begin{array}{r} 37,\ 2485 \\ 0,\ 794 \\ 753,\ 28 \\ 84,\ 0654 \\ \hline 875,\ 3579 \end{array}$$

sous les autres, dans une même colonne verticale, on fera correspondre les virgules ; à gauche des virgules, on écrira les unités sous les unités, les dizaines sous les dizaines, etc.; et à droite, les dixièmes sous les dixièmes, les centièmes sous les centièmes, etc. On écrira une virgule au total quand on arrivera à la colonne des virgules.

Soit proposée la soustraction : 378,25 — 94,8362.

Les deux derniers chiffres décimaux du nombre inférieur

$$\begin{array}{r} 378,\ 25 \\ 94,\ 8362 \\ \hline 283,\ 4138 \end{array}$$

n'ayant pas de chiffres correspondants au nombre supérieur, on a fait comme s'ils avaient eu des zéros pour chiffres correspondants, et l'on a dit : 2 ôté de 10, reste 8, et je retiens 1 ; 1 de retenue et 6 font 7 ; 7 ôté de 10, reste 3, et je retiens 1 ; 1 de retenue et 3 font 4 ; 4 ôté de 5, reste 1, etc. On sait, en effet, que 378,25 a la même valeur que 378,2500. (51, 3°.)

MULTIPLICATION DES NOMBRES DÉCIMAUX.

53. — Soit à multiplier 138,5482 par 72,973.

Si nous effaçons la virgule du multiplicande, c'est-à-dire, si nous l'avançons de quatre rangs vers la droite, le multiplicande sera multiplié par 10000 ; de même, en l'effaçant au multiplicateur, on le multipliera par 1000. Le produit demandé sera ainsi multiplié d'abord par 10000, ensuite par 1000, c'est-à-dire, en définitive, par 10000000. Pour lui rendre sa véritable valeur, il suffira évidemment de le rendre 10000000 de fois plus petit, en reculant de sept rangs vers la gauche la virgule, qui est toujours sensée être après le dernier chiffre.

$$
\begin{array}{r}
\text{Exemple :} \quad 138{,}5482 \\
72{,}973 \\
\hline
4156446 \\
9698374 \\
12469338 \\
2770964 \\
9698374 \\
\hline
10110{,}2777986
\end{array}
$$

On voit par là que, *pour faire la multiplication des nombres décimaux on opèrera sans faire attention à la virgule ; puis on séparera sur la droite du produit obtenu autant de chiffres décimaux qu'il y en a en somme au multiplicande et au multiplicateur.*

DIVISION DES NOMBRES DÉCIMAUX.

54. — On sait qu'on ne change pas le quotient de deux nombres, en les multipliant tous les deux par un même nombre. Nous en concluerons la règle générale suivante, pour la division des nombres décimaux.

On fera en sorte que le dividende et le diviseur aient le même nombre de décimales, en écrivant des zéros à la droite de celui qui en aurait le moins, ce qui ne change nullement sa valeur. (51, 3°.) Cela fait on effacera la virgule, ou on n'en tiendra aucun compte ; de cette manière les deux termes de la division se trouveront multipliés par un même nombre, ce qui n'aura pas changé la valeur du quotient ; et la division se fera comme celle des nombres entiers.

Il faut seulement observer que le reste aura été multiplié et que, pour lui rendre sa véritable valeur, on devra séparer sur sa droite autant de décimales qu'on en avait au dividende.

Dans certains cas cette règle peut être remplacée par une autre plus simple en pratique.

Ainsi, si le dividende seul a des décimales, en supprimant ces décimales on le rend un certain nombre de fois plus grand, ce qui suppose le quotient devenu ce même nombre de fois plus grand (45, 2ᵉ al.); il suffira donc, après l'opération, de le rendre ce même nombre de fois plus petit, en séparant sur sa droite autant de décimales qu'il y en avait au dividende.

Si le dividende avait un plus grand nombre de décimales que le diviseur, on supprimerait la virgule au diviseur, puis on l'avancerait au dividende d'autant de rangs qu'il y avait de décimales au diviseur. Jusque là, les deux termes de la division ayant été multipliés par le même nombre, le quotient n'a pas changé. Mais le dividende ayant maintenant tout seul des décimales, on en séparera un pareil nombre au quotient, après avoir opéré sans tenir compte de la virgule. Quant à ce qui est du reste, il doit toujours exprimer des unités de même ordre que le dividende primitif.

CONVERSION DES FRACTIONS ORDINAIRES EN FRACTIONS DÉCIMALES
ET RÉCIPROQUEMENT.

55. — Pour convertir une fraction décimale, ou un nombre décimal, en fraction ordinaire, ou en expression fractionnaire, il suffit d'exprimer le dénominateur, qui est toujours 10, ou une puissance de 10, et de prendre pour numérateur le nombre décimal ou la fraction décimale, abstraction faite de la virgule. Cela s'explique par les conventions faites pour écrire un nombre décimal et par les différentes manières de le lire.

Ainsi 38,0291 donnera en expression fractionnaire $\frac{380291}{10000}$.

56. — Soit à convertir une fraction ordinaire, $\frac{3}{7}$, en fraction décimale. Rappelons-nous qu'une fraction est le quotient de son numérateur divisé par son dénominateur. Ainsi $\frac{3}{7}$ est le 7ᵉ de 3 unités; et, comme 3 unités valent 30 dixièmes, on pourra prendre le 7ᵉ de 30 dixièmes, lequel sera un nombre de dixièmes, obtenu en divisant 30 par 7. La division donne pour quotient 4 dixièmes, avec un reste de 2 dixièmes. Comme il faut encore prendre le 7ᵉ de ce reste, on en fera 20 centièmes, en écrivant un zéro à sa droite, et on divisera 20 par 7 : le quotient est

$$
\begin{array}{r|l}
30 & 7 \\
20 & \overline{} \\
60 & 0,428 \\
4 &
\end{array}
$$

2 centièmes, avec un reste de 6 centièmes ; on convertira ces 6 centièmes en 60 millièmes, par l'addition d'un zéro, et on prendra le 7ᵉ de 60 millièmes, soit 8 millièmes, avec 4 millièmes pour reste.

On disposera l'opération comme ci-dessus.

On voit ainsi que pour *convertir une fraction ordinaire en fraction décimale, il faut entreprendre la division du numérateur, par le dénominateur. On écrira d'abord zéro virgule au quotient (0,) puis, pour avoir le premier dividende partiel, on écrira un zéro à la droite du numérteur. Si ce dividende était plus petit que le dénominateur qui sert de diviseur, on mettrait zéro au quotient, à droite de la virgule, et par l'addition d'un second zéro au numérateur on formerait un second dividende partiel, et de même jusqu'à ce qu'on ait un chiffre significatif au quotient ; puis on formera les autres dividendes partiels en mettant un zéro à la droite du reste de chaque division précédente, jusqu'à ce que l'on ait terminé le quotient, ou jusqu'à ce qu'on veuille s'arrêter.*

On aurait pu tout d'abord écrire à la droite du numérateur un nombre de zéros suffisant pour le convertir en dixièmes, en centièmes ou en millièmes, etc. ; puis on aurait fait la division jusqu'à ce qu'on eût abaissé le dernier zéro écrit, et on eût fait exprimer au quotient l'ordre d'unités convenable, en séparant autant de décimales à ce quotient que l'on aurait écrit de zéros à la droite du numérateur. Soit proposé de convertir $\frac{1}{299}$, en fraction décimale, à moins de 0,0001 près. Nous ajouterons quatre zéros à la droite du numérateur qui, au lieu d'une unité, exprimera alors 10000 dix-millièmes ; nous prendrons la 299ᵐᵉ partie de ce nombre de dix-millièmes en le divisant par 299, jusqu'à l'abaissement du dernier zéro. Cela nous donnera pour quotient 33 dix-millièmes, soit 0,0033. On dit ce quotient obtenu à moins de 0,0001 près, parce que la division ayant eu un reste, le quotient est encore incomplet ; mais il lui manque moins de 0,0001, attendu que 0,0034 serait trop fort.

57. — Dans la plupart des cas, les fractions ordinaires ne se convertissent qu'approximativement en fractions décimales.

En effet, toutes les fois qu'une fraction étant réduite à sa plus simple expression, le dénominateur contient d'autres facteurs premiers que 2 et 5, la fraction ne peut être convertie exactement en fraction décimale.

Soit la fraction $\frac{16}{33}$, que l'on peut écrire : $\frac{16}{3 \times 11}$. On se rappelle que pour qu'un nombre soit divisible par un autre, il faut qu'il contienne tous les facteurs premiers de cet autre (33); donc, pour rendre ici le numérateur divisible exactement par le dénominateur, il faudrait pouvoir lui donner les facteurs premiers 3 et 11 qui lui manquent, puisqu'on le suppose premier avec le dénominateur ; or, en le multipliant par 10, par 100, par 1000, etc., on le multiplie par (2×5), $(2^2 \times 5^2)$, $(2^3 \times 5^3)$, etc., c'est-à-dire, qu'on lui donne les facteurs premiers 2 et 5 autant de fois que l'on écrit de zéros à sa droite ; mais on ne lui donnera pas d'autres facteurs premiers que ceux-là ; il ne contiendra donc jamais les facteurs premiers 3 et 11 du dénominateur. Alors la fraction ordinaire ne pourra pas être convertie en fraction décimale exactement.

Au contraire, le raisonnement précédent fait voir que, si le dénominateur ne contenait parmi ses facteurs premiers que 2 et 5, pris avec un exposant quelconque, comme il serait toujours possible d'introduire au numérateur ces mêmes facteurs premiers, en le multipliant par une puissance de 10 suffisamment élevée, la division pourrait se terminer exactement. Soit la fraction $\frac{23}{80}$, dont le dénominateur est égal à $2^4 \times 5$, et, par conséquent, ne contient d'autres facteurs premiers que 2 et 5. Si on multiplie le numérateur par 10000, en écrivant 4 zéros à sa droite, on aura : $\frac{230000}{80}$, qui n'est autre chose que $\frac{23 \times 2^4 \times 5^4}{2^4 \times 5}$; et l'on voit ici que la division peut s'effectuer exactement. Le quotient exprimera des dix-millièmes.

58. — Reprenons la fraction $\frac{16}{33}$. Comme elle ne peut pas se convertir exactement en fraction décimale, on pourrait poursuivre indéfiniment la division de 16 par 33, sans jamais terminer le quotient. Cependant les restes des divisions successives seront plus petits que 33, car les restes sont nécessairement plus petits que le diviseur, et on pourra obtenir tout au plus 32 restes différents, soit *un nombre égal au diviseur moins un*, après quoi on aura un reste déjà obtenu précédemment, ou égal au numérateur même de la fraction proposée, puisque celui-ci est un des nombres qui sont plus petits que le diviseur. Dès lors, en mettant un zéro à la droite de ce reste, pour continuer à diviser, on refera une série de divisions déjà faites ; cette série une fois achevée, elle se reproduira de nouveau, et cela indéfiniment. On aura une fraction décimale *périodique*.

Dans l'exemple proposé, après deux divisions seulement on a obtenu un reste égal au numérateur 16 lui-même ; le quotient obtenu, composé de deux chiffres, va donc pouvoir se reproduire indéfiniment. Les deux chiffres qui le composent s'appellent la *période ;* cette période commençant immédiatement après la virgule, la fraction décimale sera dite fraction *périodique simple.*

$$\begin{array}{r|l} 160 & 33 \\ 280 & \overline{} \\ 160 & 0{,}484\ldots \\ \ldots & \end{array}$$

Soit la fraction $\frac{31}{140}$ ou $\frac{31}{2^2\times 5\times 7}$ à convertir en fraction décimale. A cause du facteur premier 7, qui est au dénominateur, sans être au numérateur, on peut prévoir que cette fraction ne se réduira pas exactement en fraction décimale. En effet, après huit divisions partielles, on obtient le reste 20, donné déjà par la 2ᵉ : tous les chiffres qui sont venus au quotient depuis ce dernier reste vont donc revenir dans le même ordre ; on aura une période de six chiffres pouvant se reproduire indéfiniment. Mais comme la période, au lieu de commencer à la première décimale, ne commence qu'à la troisième, et que, par conséquent, les deux premières décimales ne font pas partie de la période, la fraction est dite fraction *périodique mixte.*

$$\begin{array}{r|l} 310 & 140 \\ 300 & \overline{} \\ 200 & 0{,}221428571\ldots \\ 600 & \\ 400 & \\ 1200 & \\ 800 & \\ 1000 & \\ 200 & \end{array}$$

CONVERSION D'UNE FRACTION PÉRIODIQUE EN SA FRACTION ORDINAIRE GÉNÉRATRICE.

59. — On appelle fraction génératrice d'une fraction périodique, une fraction ordinaire qui est la limite vers laquelle tend la fraction périodique, lorsque la suite des périodes se répète indéfiniment.

Soit 0,48484848..., la fraction périodique ci-dessus. Désignons par n sa fraction génératrice. A la limite,

$n = 0,48484848...$ ou $n = 0,484848 + 48$ cent-millionièmes; car la dernière période, détachée des autres, peut se lire 48 cent-millionièmes.

De là on tire : $100 \times n = 48,484848$

car deux quantités égales ne cessent pas d'être égales si on les multiplie l'une et l'autre par un même nombre (ici nous les avons multipliées par 100).

Enfin, si on retranche les quantités qui composent l'égalité $n = 0,484848 + 48$ cent-millionièmes, chacune à chacune, de celles qui composent l'égalité $100 \times n = 48,484848$. Comme on peut remarquer que n ôté de $100 \times n$, ou de cent fois n, donne pour reste 99 fois n, ou $99 \times n$, et que $0,484848 + 48$ cent-millionièmes ôté de 48,484848, donne 48 unités, si on ne tient pas à retrancher les 48 cent-millionièmes qui sont séparés, et donne 48 unités moins 48 cent-millionièmes si on tient à les retrancher, il vient :

$99 \times n = 48$ moins 48 cent-millionièmes

d'où, en divisant tout par 99,

$$n = \frac{48}{99} \text{ moins } \frac{48 \text{ cent-millionièmes.}}{99}$$

Or, $\frac{48 \text{ cent-millionièmes}}{99}$ ne vaut pas un cent-millionième, c'est-à-dire, une unité décimale de l'ordre du dernier chiffre de la dernière période ; d'ailleurs cette unité décimale de l'ordre du dernier chiffre de la dernière période peut être aussi petite que l'on voudra : il n'y a, pour cela, qu'à prendre un nombre de périodes assez grand. Convenons donc de ne pas en tenir compte, et nous aurons $n = \frac{48}{99}$.

Ainsi la fraction génératrice cherchée est $\frac{48}{99}$.

En sorte que :

Pour trouver la fraction génératrice d'une fraction décimale périodique simple, on prend pour numérateur la période, et pour dénominateur un nombre formé d'autant de 9 qu'il y a de chiffres dans cette période.

Exemples : 0,263263263......, a pour fraction génératrice $\frac{263}{999}$;

0,804480448044..., a pour fraction génératrice $\frac{8044}{9999}$.

Soit proposé de trouver la fraction génératrice d'une fraction périodique mixte : 0,2214285714285 7...

Désignons par n la fraction ordinaire cherchée. Par des procédés analogues à ceux qui précèdent, nous avons :

$$n = 0,221428571142857\ldots$$
$$100000000 \times n = 22142857,142857$$
$$100 \times n = 22,142857142857,$$

ou $100 \times n = 22,142857 + 142857$ cent-trillionièmes ;

et, en retranchant : $100 \times n = 22,142857 + 142857$ cent-trillionièmes de $100000000 \times n = 22142857,142857$, il vient :

$$99999900 \times n = 22142857 - 22 \text{ moins } 142857 \text{ cent-tril-}$$

lionièmes, d'où :

$$n = \frac{22142857 - 22}{99999900} \text{ moins } \frac{142857 \text{ cent-trillionièmes}}{99999900}$$

Soit, en négligeant l'expression $\dfrac{142857 \text{ cent-trillionièmes}}{99999900}$:

$$n = \frac{22142857 - 22}{99999900}$$

De là la règle :

Pour avoir la fraction génératrice d'une fraction décimale périodique mixte, on prendra pour numérateur la partie entière du nombre obtenu en portant la virgule après la première période, diminuée de la partie entière du nombre obtenu en portant la virgule après la partie non périodique, et pour dénominateur, un nombre formé d'autant de 9 qu'il y a de chiffres dans la partie périodique suivis d'autant de zéros qu'il y a de chiffres dans la partie non périodique.

Exemples : $0,341282828\ldots = \dfrac{34128 - 341}{99000}$; $0,02767676\ldots = \dfrac{276 - 2}{9900}$

Si, au lieu d'avoir une fraction décimale périodique proprement dite, on avait un nombre décimal, il serait facile, d'après ce qui précède, de le mettre sous la forme d'une expression fractionnaire ordinaire. Ainsi :

$$18,327327327 \text{ donnerait } 18 + \frac{327}{999} = \frac{18 \times 999 + 327}{999} = \frac{18 \times (1000 - 1) + 327}{999}$$

Remarques. 1° Soit la fraction périodique 0,99999, composée d'une suite indéfinie de chiffres égaux à 9 ; d'après la règle précédente, sa fraction génératrice serait égale à $\frac{9}{9}$, ou 1.

On voit donc qu'une pareille fraction décimale a pour limite l'unité.

2° Soit la fraction périodique 0,0099999, dont la période est représentée par le chiffre 9 se répétant indéfiniment, et dont la partie non périodique est représentée par deux zéros ; sa fraction génératrice, c'est-à-dire, sa limite, sera $\frac{9}{1000}$ ou $\frac{1}{100}$. On voit qu'elle ne vaut pas une unité décimale de l'ordre immédiatement supérieur à celui du premier 9 à gauche.

60. — Comme application, soit le nombre 37,865327449. Biffons tous les chiffres qui viennent à droite du chiffre 6 des centièmes; la partie supprimée est égale à 0,005327449 : elle est plus petite évidemment que 0,0099999999; mais comme cette dernière fraction est, d'après ce qui précède, plus petite qu'un centième, à plus forte raison la partie supprimée ici sera-t-elle plus petite qu'un centième, et l'on peut dire, d'une manière générale, qu'en supprimant un certain nombre de chiffres décimaux sur la droite d'un nombre décimal donné, on commet une erreur plus petite qu'une unité décimale de l'ordre du dernier chiffre conservé.

61. — Si le chiffre qui vient à la droite du dernier chiffre décimal conservé est plus fort que 5, on supprime plus de 5 dixièmes d'une unité décimale de l'ordre de ce dernier chiffre; on rend donc le nombre trop faible de plus d'une demi-unité de ce même ordre décimal; si, par compensation, on lui ajoute une unité décimale de ce même ordre, il deviendra évidemment trop fort, mais ce sera de moins d'une demi-unité décimale de cet ordre.

Ainsi, dans l'exemple ci-dessus, si on efface tous les chiffres venant à la droite du chiffre 2, de l'ordre des cent-millièmes; mais, qu'en même temps, on augmente d'une unité décimale de son ordre ce même chiffre, on obtiendra 37,86533 cent-millièmes, à moins d'une demi-unité près, par excès, de l'ordre des cent-millièmes. Cela s'appelle *forcer* la dernière décimale conservée.

Il sera bon de forcer le dernier chiffre conservé, toutes les fois que le premier chiffre supprimé à sa droite dépassera 5 ; au lieu d'avoir l'erreur par défaut on l'aura par excès ; mais elle sera moindre qu'une demi-unité décimale, au lieu d'être seulement moindre qu'une unité décimale du même ordre.

62. — Nota. Une fraction irréductible de la forme $\frac{101}{2^3 \times 5^2 \times 7}$ donne lieu à une fraction périodique mixte ayant trois chiffres avant la période, parce qu'elle contient les facteurs 2 et 5 à son dénominateur, et que le plus haut exposant de l'un de ces facteurs est l'exposant 3.

Démontrons d'abord que, *si une fraction ordinaire est équivalente à une autre fraction ordinaire irréductible, les termes de la première sont des équi-multiples de ceux de la seconde.*

Soit $\frac{12}{28} = \frac{3}{7}$ et soit $12 = 3 \times 4$. Je dis qu'on aura aussi $28 = 7 \times 4$. En effet, en remplaçant 12 par sa valeur supposée 3×4, on aura :

$\frac{3 \times 4}{28} = \frac{3}{7}$ et, en réduisant au même dénominateur : $\frac{3 \times 4 \times 7}{28 \times 7} = \frac{3 \times 28}{28 \times 7}$; mais quand deux fractions de même dénominateur sont égales, leurs numérateurs sont nécessairement égaux aussi. Donc : $3 \times 4 \times 7 = 3 \times 28$; en divisant par 3 chaque membre de l'égalité, il vient : $4 \times 7 = 28$, ou $28 = 7 \times 4$, c. q. f. d.

Cela posé, reprenons la fraction ordinaire $\frac{191}{2^3 \times 5^2 \times 3}$ ou $\frac{191}{600}$. Puisque le dénominateur contient d'autres facteurs premiers que 2 et 5, sans qu'ils soient au numérateur, il est clair que l'on aura une fraction périodique. Supposons-là simple, et soit $\frac{318}{999}$; on aurait donc : $\frac{191}{600} = \frac{318}{999}$; et comme la première est irréductible, les termes de la seconde seraient équi-multiples de ceux de la première, et 999 serait un multiple de 600, ce qui est impossible, car 999 ne contient pas les facteurs 2 et 5 de 600.

La fraction périodique sera donc mixte, et de la forme $\frac{3183 - 348}{9000}$ dans laquelle le nombre des chiffres irréguliers, c'est-à-dire ne faisant pas partie de la période, et par suite celui des zéros du dénominateur, est précisément égal à l'exposant de celui des facteurs de 10 qui est élevé à la plus haute puissance, dans le dénominateur $2^3 \times 5^2 \times 3$. De cette manière, la condition que le dénominateur de la fraction génératrice soit un multiple du dénominateur, $2^3 \times 5^2 \times 3$, de la fraction irréductible proposée pourra être remplie.

CHAPITRE V.

PUISSANCES ET RACINES

§ 1ᵉʳ. Carrés et Racines carrées.

63. — *On appelle carré d'un nombre le produit obtenu en multipliant ce nombre par lui-même.*

Le carré d'un nombre s'indique, comme on sait, en écrivant un petit 2 à la droite de ce nombre et un peu au-dessus. Donc, d'après la définition qui précède, $7^2 = 7 \times 7 = 49$.

La racine carrée d'un nombre est un autre nombre, qui, élevé au carré, donne le premier nombre.

On indique la racine carrée d'un nombre en le plaçant sous le signe $\sqrt{\ }$, appelé *radical*.

Donc, d'après la définition que nous venons de donner : $\sqrt{64}=8$, parce que 8 est un nombre qui, élevé au carré, donne 64.

Il suit de là que, *tout nombre est le carré de sa racine carrée*.

$$\text{Ainsi :}\quad 64 = (\sqrt{64})^2$$

Il suit encore de là que *la racine carrée du carré d'un nombre est ce nombre lui-même*.

64. — *Le carré d'un produit de plusieurs facteurs s'obtient en faisant le carré de chaque facteur et en multipliant ces carrés entre eux.*

Soit $2 \times 3 \times 5 \times 7$, un produit à élever au carré : $(2 \times 3 \times 5 \times 7)^2 = (2 \times 3 \times 5 \times 7) \times (2 \times 3 \times 5 \times 7) = 2 \times 3 \times 5 \times 7 \times 2 \times 3 \times 5 \times 7 = 2 \times 2 \times 3 \times 3 \times 5 \times 5 \times 7 \times 7 = 2^2 \times 3^2 \times 5^2 \times 7^2$; ce qu'il fallait démontrer.

Réciproquement. Pour extraire la racine carrée d'un produit de plusieurs facteurs on prend la racine carrée de chacun des facteurs et on multiplie ces racines entre elles.

Ainsi la racine carrée de $4 \times 9 \times 25$ est égale au produit ; $\sqrt{4} \times \sqrt{9} \times \sqrt{25}$.

En effet, si nous élevons au carré ce dernier produit, nous aurons, d'après ce qui précède, $4 \times 9 \times 25$.

65. — *Le carré d'une fraction s'obtient en faisant le carré de chacun de ses termes.*

En effet, par la définition $\left(\frac{3}{4}\right)^2 = \frac{3}{4} \times \frac{3}{4} = \frac{3 \times 3}{4 \times 4} = \frac{3^2}{4^2}$.

De même, *la racine carrée d'une fraction s'obtient en prenant la racine carrée de chacun de ses termes.*

Ainsi : $\sqrt{\frac{25}{64}} = \frac{\sqrt{25}}{\sqrt{64}}$. En effet, élevons au carré $\sqrt{\frac{25}{64}}$, nous aurons $\frac{25}{64}$, ce qui prouve bien que $\sqrt{\frac{25}{64}}$ est la racine carrée de $\frac{25}{64}$.

Remarques. 1° Lorsqu'on multiplie deux nombres l'un par l'autre, le dernier chiffre à droite du produit obtenu est le même que le dernier chiffre du produit des unités du multiplicande par les unités du multiplicateur ; car ce dernier chiffre ne se combine, par voie d'addition, avec aucun chiffre des autres produits partiels. Ainsi le dernier chiffre du produit 248×53 est 4, parce que le produit 8×3 se termine par un 4. Par conséquent, le dernier chiffre du carré d'un nombre est le même que le dernier chiffre du carré de ses unités. Ainsi le dernier chiffre du carré de 237 sera un 9 parce que le carré de 7 se termine par un 9 ; or, la table de multiplication fait connaître quels sont les carrés des neuf premiers nombres, et on peut remarquer qu'aucun de ces carrés n'est terminé

$$\begin{array}{r} 248 \\ 53 \\ \hline 744 \\ 1240 \\ \hline 13144 \end{array}$$

par 2, 3, 7 et 8. Donc aucun nombre terminé par un de ces chiffres ne doit être regardé comme le carré d'un nombre entier.

2° Lorsque le multiplicande et le multiplicateur sont terminés par des zéros, il y a à la droite du produit autant de zéros que le multiplicande et le multiplicateur en contiennent en somme. Donc le carré d'un nombre qui aurait des zéros à sa droite a deux fois autant de zéros que ce nombre ; par conséquent, il se termine par un nombre pair de zéros. Exemple : $71000^2 = 5041000000$.

Il suit de là : 1° Que tout nombre terminé par un nombre impair de zéros n'est pas le carré d'un nombre entier ;

2° Que le carré d'un nombre de dizaines, comme 50, qui vaut cinq dizaines, est un nombre de centaines : 2500 ou 25 centaines.

Les nombres qui sont les carrés de nombres entiers s'appellent *carrés parfaits*.

Les nombres qui ne sont par des carrés parfaits, comme ceux dont nous venons de parler plus haut et autres, n'ont pas de racine carrée exacte, ni entière, ni fractionnaire.

66. — Supposons, en effet, qu'un nombre 46 n'ait pas une racine carrée entière, il ne saurait avoir non plus une racine carrée fractionnaire.

En effet, admettons un instant qu'il eût pour racine carrée exacte l'expression fractionnaire $\frac{32}{5}$, que l'on peut toujours supposer réduite à sa plus simple expression. On aurait donc $\frac{32}{5} = \sqrt{46}$ d'où en élevant au carré : $\frac{32^2}{5^2} = 46$; mais l'on sait que si deux nombres sont premiers entre eux, leurs puissances sont premières entre elles. Donc l'expression $\frac{32}{5}$ étant irréductible, 32^2 et 5^2 sont des nombres premiers entre eux ; il est donc absurde de supposer que 5^2 divise exactement 32^2 et y soit contenu 46 fois, comme l'indique l'égalité $\frac{32^2}{5^2} = 46$. Par conséquent, il est absurde aussi d'admettre qu'un nombre entier, tel que 46, ait pour racine carrée une expression fractionnaire, telle que $\frac{32}{5}$.

67. — *Lorsqu'un nombre est décomposé en deux parties, le carré de ce nombre contient le carré de la première partie, plus deux fois le produit de la première par la seconde, plus le carré de la seconde.*

Soit 37, un nombre que nous pouvons décomposer en deux parties, ainsi, par exemple : $30 + 7$. Alors $37^2 = (30 + 7)^2 = (30 + 7) \times (30 + 7)$.

$$
\begin{array}{l}
30 + 7 \\
30 + 7 \\
\hline
30^2 + 30 \times 7 \\
 + 30 \times 7 + 7^2 \\
\hline
30^2 + 2 \text{ f. } 30 \times 7 + 7^2
\end{array}
$$

Développons, comme on voit ci-dessus, en multipliant chaque partie du multiplicande par chaque partie du multiplicateur. Nous obtenons : $30^2 + 2$ fois $30 \times 7 + 7^2$, c. q. f. d.

Il suit de là :

1° *Que si on décompose un nombre en ses dizaines et en ses unités, le carré de ce nombre contiendra : 1° le carré des dizaines ; 2° le produit du double des dizaines par les unités ; 3° le carré des unités.*

2° *Que la différence entre les carrés de deux nombres entiers consécutifs est égale à deux fois le plus petit nombre plus un.*

Soient 8 et 9, deux nombres entiers consécutifs : $9^2 = (8 + 1)^2 = 8^2 + 2$ f. $8 \times 1 + 1^2$, ou $9^2 = 8^2 + 2$ f. $8 + 1$. La différence entre le carré de 9 et le carré de 8 est donc 2 fois $8 + 1$, ce qu'il fallait démontrer.

RACINES CARRÉES DES NOMBRES ENTIERS.

68. — Nous représentons dans les deux lignes suivantes, les dix premiers nombres et leurs carrés respectifs, que nous connaissons par la table de multiplication.

$$
\begin{array}{cccccccccc}
1 & 2 & 3 & 4 & 5 & 6 & 7 & 8 & 9 & 10 \\
1 & 4 & 9 & 16 & 25 & 36 & 49 & 64 & 81 & 100
\end{array}
$$

Ainsi la racine carrée d'un nombre carré parfait, compris entre 1 et 100, s'obtient immédiatement par la table de multiplication.

Soit un nombre compris entre 1 et 100, mais n'étant pas carré parfait, par exemple : 56.

Ce nombre se trouvant compris entre 49 et 64, lesquels ont respectivement pour racines carrées 7 et 8, aura nécessairement une racine carrée supérieure à 7, et inférieure à 8.

Nous donnerons plus loin le moyen d'approcher le plus possible de la valeur de cette racine, qui ne peut pas se calculer exactement (65) ; en attendant, nous prendrons 7 pour la racine carrée de 56 ; c'est ainsi que nous donnerons pour racine carrée à tout nombre entier non carré parfait une racine carrée prise *à une unité près,* par défaut.

69. — Soit proposé de chercher sa racine carrée d'un nombre plus grand que 100, par exemple 4857.

Ce nombre étant plus grand que 100, sa racine carrée sera plus grande que 10 ; par conséquent, nous pouvons considérer cette racine comme composée de dizaines et d'unités, quel que soit d'ailleurs le nombre qui exprimera les dizaines, et soit qu'il n'ait qu'un chiffre ou qu'il en ait plusieurs. Et comme tout nombre contient le carré de sa racine carrée, soit exactement, soit avec un reste, le nombre proposé contiendra donc le carré des dizaines de sa racine, plus le double produit des dizaines par les unités, plus le carré des unités, plus enfin un reste, s'il y en a. Or le carré de tout nombre de dizaines est un nombre exact de centaines, d'après une des remarques précédentes, (65, Remarque 2°), par conséquent le carré des dizaines de la racine cherchée ne peut se trouver que parmi les 48 centaines du nombre proposé.

$$
\begin{array}{c|c}
48.57 & 69 \\
36 & \overline{} \\
\hline
1257 & 129 \\
1161 & 9 \\
\hline
96 & \overline{1161}
\end{array}
$$

Le plus grand carré contenu dans 48 est 36, dont la racine carrée est 6.

Cela étant, je dis qu'il y aura 6 dizaines à la racine cherchée, et pas une de plus.

En effet, 48 contenant le carré de 6, qui est 36, 48 centaines ou 4800 contiendra le carré de 6 dizaines ou 3600, et à plus forte raison 4857 contiendra-t-il ce dernier nombre. Ce qui prouve que la racine cherchée a bien 6 dizaines.

Elle n'en a pas une de plus ; car si la racine cherchée avait 7 dizaines, dont le carré est 49 centaines, ou 4900, il faudrait que ces 49 centaines fussent contenues dans les centaines du nombre proposé, ce qui n'est pas, puisqu'on suppose que 36 est le plus grand carré parfait contenu dans 48.

Nous écrirons donc, pour les dizaines de la racine carrée demandée, la racine carrée du plus grand carré parfait, 36, contenu dans les 481 centaines du nombre proposé ; nous retrancherons ce plus grand carré parfait de ces mêmes centaines, nous aurons pour reste 12 centaines ; à ce reste nous ajouterons la suite du nombre proposé, ce qui donnera un reste total égal à 1257.

Ce reste, 1257, contient encore le double des dizaines multiplié par les unités, c'est-à-dire, 2 fois 6 dizaines ou 12 dizaines multipliées par le chiffre des unités ; or ce produit étant un nombre exact de dizaines, ne pourra nécessairement se trouver contenu que dans les 125 dizaines du reste. Nous regarderons le nombre 125 dizaines comme contenant le produit de 12 dizaines par le chiffre des unités. Donc, si nous divisons 125 par 12, le quotient obtenu sera le chiffre des unités ou un chiffre trop fort.

Ce quotient pourrait être un chiffre trop fort, car il peut y avoir dans les 125 dizaines prises pour dividende des dizaines provenant du carré des unités. C'est pourquoi, avant d'écrire ce quotient à la racine, nous l'essaierons.

Soit 9 le quotient supposé : nous commencerons par l'écrire à droite du double des dizaines de la racine ; puis nous multiplierons le nombre ainsi formé par ce même quotient.

En faisant cette multiplication, nous faisons évidemment le carré de 9, plus le produit de 6 dizaines par 9 ; c'est-à-dire, en supposant que 9 soit le chiffre des unités, le carré des unités et le produit du double des dizaines par les unités. Le résultat doit pouvoir se retrancher du reste 1257, qui contient encore ces deux parties. La soustraction se fait effectivement, et donne 96 pour reste. Nous écrirons donc 9 à la racine carrée, laquelle se trouvera ainsi égale à 69, à une unité près par défaut.

Si la soustraction n'avait pas pu se faire, nous aurions diminué d'une unité le chiffre à essayer.

Dans l'exemple précédent, nous avons séparé deux chiffres sur la droite du nombre proposé, puis nous avons pris la racine carrée du plus grand carré contenu dans la partie du nombre séparée à gauche : cela nous a été facile, parce que le nombre séparé à gauche était compris entre 1 et 100.

Supposons que cette dernière condition n'ait pas lieu, et soit proposé d'extraire la racine carrée de 485764.

$$
\begin{array}{c|cc}
485764 & 696 & \\
36 & \hline & \\
\hline & 129 & 1386 \\
1257 & 9 & 6 \\
1161 & \hline & \\
\hline & 1161 & 8316 \\
9664 & & \\
8316 & & \\
\hline & & \\
1348 & &
\end{array}
$$

En raisonnant comme précédemment, nous serions conduits à séparer deux chiffres sur la droite du nombre proposé, et à prendre la racine carrée du plus grand carré parfait contenu dans le nombre 4857, séparé à gauche, considéré comme nombre d'uni. tés. Nous avons déjà vu plus haut que cette racine est 69, avec un reste égal à 96. Donc il y a 69 dizaines dans la racine carrée du nombre 485764, et, après avoir soustrait de ce nombre le carré des dizaines de sa racine, il reste encore 96 centaines et 64 unités, soit 9664 unités. Ce reste contient, ainsi que nous l'avons expliqué dans l'exemple précédent, le produit du double des 69 dizaines de la racine ou de 138 dizaines par le chiffre des unités de la racine, plus le carré de ces mêmes unités. De plus, en séparant sur la gauche de 9664, les 966 dizaines de ce nombre, puis en divisant ces 966 dizaines par 138 dizaines, on aura pour quotient le chiffre des unités ou un chiffre trop fort, que l'on essaiera avant de l'écrire à la racine, comme on a fait dans le premier exemple. Ainsi trouve-t-on pour racine 696, et pour reste 1348.

Nota. — La différence entre le carré de 696 et celui de 697, étant égale à 2 fois 696 + 1 (67-2°), il est évident que le reste 1348 doit être inférieur à 2 fois 696 + 1 ; autrement la racine carrée de 485764 n'eût pas contenu moins de 697 unités.

Généralement tout reste obtenu dans une extraction de racine carrée devra être inférieur au double du nombre déjà écrit à la racine, augmenté de 1, sinon le dernier chiffre trouvé est trop faible au moins d'une unité.

De là la règle suivante :

Pour extraire la racine carrée d'un nombre, on le divise en tranches de deux chiffres, en allant de droite à gauche, (La dernière tranche à gauche peut n'avoir qu'un chiffre), on prend ensuite la racine carrée du plus grand carré parfait contenu dans la première tranche à gauche ; on retranche ce même carré de cette tranche et, à droite du reste, on abaisse la tranche suivante ; on sépare un chiffre sur la droite du nombre ainsi formé, et on divise la partie restant à gauche par le double du chiffre écrit à la racine ; le quotient obtenu doit être le chiffre suivant de la racine ou un chiffre trop fort. Pour l'essayer on l'écrit à droite du double de la racine déjà trouvée et l'on multiplie le nombre ainsi formé par le chiffre à essayer ; si le produit obtenu peut se retrancher du nombre formé en abaissant la tranche à côté du premier reste, le chiffre ne sera pas trop fort et on le portera à la racine.

A côté du reste de cette dernière soustraction on abaissera encore la tranche suivante ; on séparera un chiffre à la droite du nombre ainsi formé, et l'on divisera la partie restant à gauche par le double du nombre déjà écrit à la racine. Le quotient sera essayé de la même manière que le précédent, et ainsi de suite.

S'il arrivait que la partie séparée à gauche des nombres formés après l'abaissement de chaque tranche ne contînt pas le double du nombre déjà écrit à la racine, on écrirait un zéro à la racine, puis on abaisserait la tranche suivante dont on séparerait un chiffre sur la droite, et l'on continuerait l'opération comme précédemment.

RACINES CARRÉES DES FRACTIONS ORDINAIRES.

70. — Nous avons déjà dit qu'on *fait le carré d'une fraction en faisant le carré de ses termes et qu'on prend la racine carrée d'une fraction en prenant la racine carrée de chacun de ses termes.*

Si les deux termes sont des carrés parfaits, la racine carrée s'obtiendra exactement.

Si le dénominateur seul est un carré parfait, la racine carrée s'obtiendra à une fraction près ayant pour numérateur l'unité et pour dénominateur la racine carrée du dénominateur de la fraction donnée.

Ainsi : $\sqrt{\frac{36}{49}} = \frac{6}{7}$, à $\frac{1}{7}$ près.

Si le dénominateur n'était pas un carré parfait, il serait impossible de dire à quelle fraction près on aurait obtenu la racine. Dans ce cas, on rendra le dénominateur carré parfait en le multipliant par lui-même ; mais, pour ne pas changer la valeur de la fraction, il faudra aussi multiplier le numérateur par le dénominateur.

$$\text{Ainsi}: \sqrt{\frac{2}{7}} = \sqrt{\frac{2 \times 7}{7^2}} = \frac{\sqrt{14}}{\sqrt{7^2}} = \frac{3}{7} \text{ à } \frac{1}{7} \text{ près.}$$

RACINES CARRÉES DES FRACTIONS DÉCIMALES ET DES NOMBRES DÉCIMAUX.

71. — D'après la règle de la multiplication des nombres décimaux, pour faire le carré d'un nombre décimal tel que 23,617, qui a 3 décimales, on fera le carré de 23,617, abstraction faite de la virgule, et l'on séparera 6 décimales sur la droite de ce carré : $23,617^2 = 557,762689$.

Ainsi, comme 23617 est la racine carrée de 557762689, de même, 23,617 est la racine carrée de 557,762689. Par conséquent la racine carrée d'un nombre décimal sera la racine carrée du nombre entier qu'on obtient en faisant abstraction de la virgule, sur la droite de laquelle on aura séparé deux fois moins de décimales qu'il y en a au nombre proposé.

On conclut de là que *pour extraire la racine carrée d'un nombre décimal il faut faire en sorte que le nombre des décimales soit divisible par 2, en ajoutant un zéro à sa droite, si cela est nécessaire, extraire ensuite la racine carrée, abstraction faite de la virgule ; puis séparer sur la droite de la racine obtenue deux fois moins de décimales qu'il y en avait au nombre proposé.*

APPROXIMATION DES RACINES CARRÉES.

72. — La racine carrée d'un nombre fractionnaire, prise à une unité près, est la même que la racine carrée de la partie entière de ce nombre fractionnaire aussi prise à une unité près.

Soit proposé de prendre, à une unité près, la racine carrée du nombre fractionnaire $44\frac{5}{7}$. Démontrons que la partie entière de la racine de $44\frac{5}{7}$ est la même que celle de la racine de 44.

En effet, soit 6 la racine carrée du plus grand carré contenu dans 44.

D'après cela, les nombres 6, $\sqrt{44}$, et 7 ou $6 + 1$, si on les écrit à la suite les uns des autres, comme ci-dessous :

$$6, \sqrt{44}, 6 + 1$$

seront rangés par ordre de grandeur croissante.

Les carrés de ces nombres seront évidemment rangés dans le même ordre comme suit :

$$6^2 , 44, (6 + 1)^2$$

et, comme ce sont trois nombres entiers, la différence de l'un à l'autre est au moins d'une unité ; en sorte que si l'on ajoute à l'un d'eux moins d'une unité, ils n'en resteront pas moins rangés dans le même ordre. Ajoutons la fraction $\frac{5}{7}$, nous aurons :

$$6^2 , 44 \tfrac{5}{7}, (6 + 1)^2 ;$$

les racines de ces trois derniers nombres sont aussi dans le même ordre :

$$6, \sqrt{44 \tfrac{5}{7}}, 6 + 1.$$

Ce qui fait voir que la racine carrée de $44\tfrac{5}{7}$ n'a pas une unité de plus que celle de 44 : la partie entière des deux racines est donc la même.

73. — Nous savons extraire la racine carrée d'un nombre à une unité près, par défaut ; voyons comment on peut obtenir la racine carrée des nombres non carrés parfaits, entiers ou fractionnaires, avec telle approximation que l'on veut.

Soit proposé de prendre la racine carrée de 44 à $\frac{1}{7}$ près. Supposons que cette racine approchée soit $\frac{46}{7}$ et voyons comment on l'a obtenue.

46 septièmes est donc le plus grand nombre de septièmes qui soit contenu dans $\sqrt{44}$, de là :

$$\frac{46}{7} \qquad \sqrt{44} \qquad \frac{46 + 1}{7}$$

sont trois nombres rangés par ordre de grandeur croissante ; élevons-les au carré, nous aurons :

$$\frac{46^2}{7^2} \qquad 44 \qquad \frac{(46 + 1)^2}{7^2}$$

Multiplions chaque nombre par 7^2 , il viendra :

$$46^2 \qquad 44 \times 7^2 \qquad (33 + 1)^2$$

nombres toujours rangés dans le même ordre de grandeur croissante. Leurs racines carrées seront dans ce même ordre.

$$46 \qquad \sqrt{44 \times 7^2} \qquad 46 + 1$$

Par suite

$$\frac{46}{7} \qquad \frac{\sqrt{44 \times 7^2}}{7} \qquad \frac{46 + 1}{7}$$

seront encore dans le même ordre.

Donc, pour avoir la racine carrée de 44, à $\frac{1}{7}$ près, il faut multiplier 44 par le carré de 7, prendre, à une unité près, la racine carrée du produit, et lui faire exprimer des septièmes.

On agirait d'une manière analogue pour toute autre approximation. Ainsi, pour avoir la racine carrée d'un nombre à *un millième* près, on multipliera le nombre par le carré de **1000**, on extraira la racine carrée du produit obtenu à une unité, et l'on fera exprimer ensuite des millièmes à cette racine carrée.

Soit proposé d'avoir la racine carrée de 207 à $\frac{1}{5}$ près. Je multiplierai 207 par 25, qui est le carré du dénominateur de l'approximation; j'extrairai ensuite, à une unité près, la racine carrée du produit obtenu lequel est 5175, et je ferai exprimer à cette racine carrée des cinquièmes. J'obtiens $\frac{71}{5}$ ou $14\frac{1}{5}$. Donc $\sqrt{207} = 14\frac{1}{5}$ à $\frac{1}{5}$ près.

Si on demandait à $\frac{1}{100}$ près la racine carrée du même nombre, **207**, il faudrait multiplier ce nombre par le carré de 100, qui est le dénominateur de la fraction d'approximation ; cela donnerait 2070000.

On prendrait, à une unité près, la racine carrée de ce produit, puis on lui ferait exprimer des centièmes en la divisant par 100, c'est-à-dire, en séparant 2 chiffres à sa droite ; nous aurions ainsi $\sqrt{207} = 14,38$ à $\frac{1}{100}$ près ou à 0,01 près.

Soit encore proposé d'obtenir à 0,001 près la racine carrée de la fraction $\frac{8}{9}$.

Je multiplierai le numérateur par le carré de 1000, ce qui me donnera : $\frac{8000000}{9}$; je prendrai à une unité près la racine carrée du produit ; mais comme pour prendre la racine carrée d'un nombre fractionnaire il suffit de prendre la racine carrée de sa partie entière à une unité près, je commencerai par extraire les entiers contenus dans cette expression, et je négligerai la fraction restante ; cela me donnera 888888. Je prendrai la racine carrée de ce nombre, à une unité près, ce qui me donnera 942. En faisant exprimer des millièmes à ce résultat, j'aurai :

$$\sqrt{\tfrac{8}{9}} = 0,942 \text{ à } 0,001 \text{ près.}$$

§ 2. Cubes et Racines cubiques.

74. — *On appelle cube d'un nombre le produit obtenu en prenant ce nombre trois fois comme facteur.*

Le cube d'un nombre s'indique, comme on sait, en écrivant un petit 3 à la droite de ce nombre et un peu au-dessus. Donc $5^3 = 5 \times 5 \times 5 = 125$.

La racine cubique d'un nombre est un autre nombre qui, élevé au cube, donne le premier.

On indique la racine cubique d'un nombre en le plaçant sous le radical avec un petit 3 dans l'ouverture du radical : $\sqrt[3]{\quad}$

Donc, d'après cette définition, $\sqrt[3]{512} = 8$.

Il suit de ce que nous venons de dire que *tout nombre est le cube de sa racine cubique* : $512 = (\sqrt[3]{512})^3$; il s'ensuit encore que *la racine cubique du cube d'un nombre est ce nombre lui-même* : $\sqrt[3]{7^3} = 7$.

75. — *Pour faire le cube d'un produit de plusieurs facteurs, on élève chacun des facteurs au cube et on multiplie ces cubes entre eux.*

Soit $2 \times 5 \times 7$, un produit de plusieurs facteurs à élever au cube, nous aurons successivement : $(2 \times 5 \times 7)^3 = (2 \times 5 \times 7) \times (2 \times 5 \times 7) \times (2 \times 5 \times 7) = 2 \times 5 \times 7 \times 2 \times 5 \times 7 \times 2 \times 5 \times 7 = 2 \times 2 \times 2 \times 5 \times 5 \times 5 \times 7 \times 7 \times 7 = 2^3 \times 5^3 \times 7^3$, c. q. f. d.

Réciproquement, *pour extraire la racine cubique d'un produit de plusieurs facteurs, il suffit de prendre la racine cubique de chaque facteur, et de multiplier ces racines cubiques entre elles*, en sorte que $\sqrt[3]{8 \times 27 \times 125} = \sqrt[3]{8} \times \sqrt[3]{27} \times \sqrt[3]{125}$.

En effet, en élevant au cube le dernier membre de cette égalité, on aurait, d'après ce qui précède, $8 \times 27 \times 125$, ce qui prouve bien qu'il est la racine cubique du produit $8 \times 27 \times 125$.

76. — *Le cube d'une fraction s'obtient en faisant le cube de chacun de ses termes.*

En effet, $\left(\frac{5}{6}\right)^3 = \frac{5}{6} \times \frac{5}{6} \times \frac{5}{6} = \frac{5 \times 5 \times 5}{6 \times 6 \times 6} = \frac{5^3}{6^3}$.

Réciproquement, *on obtient la racine cubique d'une fraction en prenant la racine cubique de chacun de ses termes.*

Ainsi : $$\sqrt[3]{\frac{125}{729}} = \frac{\sqrt[3]{125}}{\sqrt[3]{729}}$$

En effet, si nous élevions au cube l'expression

$$\frac{\sqrt[3]{125}}{\sqrt[3]{729}}$$

nous aurions, d'après ce qui vient d'être dit : $\frac{125}{729}$; donc

$$\frac{\sqrt[3]{125}}{\sqrt[3]{729}}$$

est la racine cubique de $\frac{125}{729}$.

77. — On peut remarquer qu'un nombre terminé par des zéros ne pourra être un cube parfait que si le nombre des zéros qui est sur la droite est divisible par 3; car, d'après la règle de la multiplication, un produit de trois facteurs égaux terminés par des zéros aura trois fois autant de zéros que chacun des facteurs. Ainsi, 270^3 ou $270 \times 270 \times 270$ aura trois zéros à sa droite.

Donc le cube d'un nombre de dizaines est un nombre de mille.

Les nombres ayant pour racine cubique un nombre entier, s'appellent *cubes parfaits.*

On démontrerait, par un raisonnement analogue à celui que nous avons fait à propos des carrés, que *les nombres qui ne sont pas des cubes parfaits n'ont pas de racine cubique exacte, ni entière, ni fractionnaire.*

Lorsqu'un nombre est décomposé en deux parties, le cube de ce nombre contient le cube de la première partie, plus trois fois le carré de la première multiplié par la seconde, plus trois fois la première multipliée par le carré de la seconde, plus le cube de la seconde.

Soit un nombre 53. Nous pouvons écrire $53 = 50 + 3$, d'où :
$53^3 = (50 + 3)^3 + (50 + 3) \times (50 + 3) \times (50 + 3)$.

$$50^2 + 2 \text{ f. } 50 \times 3 + 3^2$$
$$50 + 3$$
$$\overline{}$$
$$50^3 + 2 \text{ f. } 50^2 \times 3 + 50 \times 3^2$$
$$50^2 \times 3 + 2 \text{ f. } 50 \times 3^2 + 3^3$$
$$\overline{}$$
$$50^3 + 3 \text{ f. } 50^2 \times 3 + 3 \text{ f. } 50 \times 3^2 + 3^3$$

En faisant ces produits, on formera d'abord le carré de $50 + 3$ qui est, comme on sait, $50^2 + 2 \text{ f. } 50 \times 3 + 3^2$. C'est donc ce résultat qu'il s'agit de multiplier encore par $50 + 3$. Le tableau ci-dessus indique le développement de cette opération et montre que $(50 + 3)^3 = 50^3 + 3 \text{ f. } 50^2 \times 3 + 3 \text{ f. } 50 \times 3^2 + 3^3$.

Il suit de ce que nous venons de dire que si un nombre est décomposé en ses dizaines et en ses unités, le cube de ce nombre contiendra *le cube des dizaines, plus trois fois le carré des dizaines multiplié par les unités, plus trois fois les dizaines multipliées par le carré des unités, plus le cube des unités.*

Et comme *tout nombre plus fort que* 10, *c'est-à-dire, ayant des dizaines et des unités peut être supposé décomposé en ses dizaines et ses unités, on peut dire que le cube d'un tel nombre se compose des quatre parties que nous venons de dire.*

Il suit de là encore que la différence entre les cubes de deux nombres consécutifs est égale à trois fois le carré du plus petit nombre, plus trois fois le plus petit nombre plus un.

Soient 8 et 9 deux nombres consécutifs : $9^3 = (8 + 1)^3 = 8^3 + 3$ f. $8^2 \times 1 + 3$ f. $8 \times 1^2 + 1^3$ ou, ce qui est la même chose, $9^3 = 8^3 + 3$ f. $8^2 + 3$ f. $8 + 1$. Donc le cube de 9 surpasse le cube de 8 de 3 fois 8^2, plus 3 fois 8, plus 1.

On obtient facilement les racines cubiques des dix premiers nombres.

Plaçons en regard, sur deux colonnes horizontales, les dix premiers nombres et leurs cubes respectifs :

78.

1	2	3	4	5	6	7	8	9	10
1	8	27	64	125	216	343	512	729	1000

On doit savoir ce tableau de mémoire ; il fournira immédiatement la racine cubique d'un nombre compris entre 1 et 1000, si ce nombre est un cube parfait. Dans le cas contraire, on prendrait pour racine cubique du nombre celle du plus grand cube parfait qu'il contient.

On démontrerait, en raisonnant comme pour la racine carrée, que l'on aurait ainsi la racine cubique du nombre par défaut, à une unité près.

79. — Soit proposé d'avoir la racine cubique d'un nombre plus grand que 1000, tel que 648549, à une unité près.

Ce nombre étant plus grand que 1000, sa racine cubique a des dizaines et des unités ; il contient donc :

1° Le cube des dizaines ; — 2° le produit du triple carré des dizaines multiplié par les unités ; — 3° le produit du triple des dizaines multiplié par le carré des unités ; — 4° le cube des unités, plus un reste, s'il y en a.

Or la première de ces parties, le cube des dizaines, étant un nombre exact de mille, ne peut être contenu que dans les 648 mille du nombre proposé. On séparera donc trois chiffres sur la droite du nombre, et, pour avoir les dizaines de la racine, on prendra la racine cubique du plus grand cube contenu dans 648 : c'est 512, dont la racine cubique est 8 ; or je dis qu'il y a 8 dizaines à la racine cubique et pas une de plus. En effet, il y a bien 8 dizaines, car le cube de 8, ou 512, étant plus petit que 648, le cube de 8 dizaines, ou de 80, qui est 512000 sera plus petit que 648000, et, à plus forte raison, que 648549. Il n'y a pas une dizaine de plus, car si le nombre proposé avait à sa racine cubique 9 dizaines, ou 90, le cube de 9 dizaines, ou 729000, devrait être contenu dans les mille du nombre proposé, ce qui n'est pas, puisque 512000 est le plus grand cube contenu dans 648000.

```
 648549 | 86            87              86
 512    |               87              86
        | 64          ─────           ─────
 136549 |  3            609             516
 636056 |               696             688
        | 192         ─────           ─────
 ─────                 7569            7396
  12493                  87              86
                      ─────           ─────
                       52983           44376
                       60552           59168
                      ─────           ─────
                      658503          636056
```

Donc, on écrira 8 à la racine, et on retranchera 512 mille de 648 mille, ce qui donnera pour reste 136 mille. A la suite on écrira la partie du nombre qui a été séparée sur la droite, ce qui donne 136549. Ce reste contient nécessairement les trois autres parties du cube de la racine cherchée. Mais la première de ces trois parties, savoir le triple produit du carré des dizaines par les unités, étant un nombre exact de centaines sera tout entière contenue dans les centaines du reste ; si donc on divise 1365 centaines par le triple carré de 8 qui est 192, on aura pour quotient le chiffre des unités, ou un chiffre trop fort.

On peut avoir un chiffre trop fort, car dans les 1365 centaines du dividende, il peut y avoir des centaines provenant des deux autres parties du cube de la racine ou du reste. Il sera donc nécessaire avant d'écrire le chiffre des unités à la racine de l'essayer. Le moyen le plus simple de faire cet essai est d'élever au cube la racine supposée, et de voir si ce cube peut se retrancher du nombre proposé.

Ainsi le quotient de 1365 par 192 étant 7, la racine serait 87, si 7 n'est pas trop fort. Pour en juger on fera le cube de 87, qui est 658503 ; comme ce nombre ne peut pas se retrancher de 648549, on en conclut que 7 est trop fort et on essaiera 6 ; or le cube de 86, savoir, 636056, peut se retrancher du nombre proposé et donne 12493 pour reste. Donc 6 est le chiffre des unités de la racine cherchée, laquelle est 86, à une unité près.

Nous avons vu qu'après avoir séparé trois chiffres sur la droite du nombre dont on cherche la racine cubique on avait commencé par prendre la racine cubique contenue dans la partie à gauche ; mais si cette partie dépassait 1000, en raisonnant sur elle comme sur le nombre proposé, on serait encore conduit à séparer trois chiffres sur sa droite et à prendre la racine cubique de la partie séparée sur la gauche, et ainsi de suite jusqu'à ce que la tranche séparée à gauche fût inférieure à 1000, c'est-à-dire, qu'elle ne se composât que d'un, deux ou trois chiffres. De là la règle suivante :

Pour extraire la racine cubique d'un nombre on divise ce nombre en tranches de trois chiffres, en allant de droite à gauche, la dernière tranche à gauche pouvant n'avoir qu'un ou deux chiffres. On prend ensuite la racine cubique du plus grand cube contenu dans cette dernière tranche et on l'écrit à la racine. On soustrait de cette même tranche ce plus grand cube parfait, et à côté du reste on abaisse la tranche suivante. On sépare deux chiffres sur la droite du nouveau nombre ainsi formé, et on divise la partie qui est à gauche par le triple carré du chiffre écrit à la racine. Le quotient obtenu doit être le second chiffre de la racine ou un chiffre trop fort ; pour l'essayer on l'écrit à la droite du premier et on élève au cube le nombre qu'il forme ; si ce cube peut se retrancher des deux premières tranches à gauche sur lesquelles on a opéré, le chiffre est bon ; dans le cas contraire, il faut le diminuer d'une unité et l'essayer de nouveau jusqu'à ce que la soustraction puisse se faire. A côté du reste on abaissera la tranche suivante, on séparera deux chiffres sur la droite du nombre ainsi formé, et l'on divisera la partie qui est à gauche par le triple carré du nombre écrit à la racine. Le quotient obtenu sera le troisième chiffre de la racine ou un chiffre trop fort. Pour l'essayer on l'écrira à la droite des deux premiers, et le nombre ainsi formé, étant élevé au cube, devra pouvoir se retrancher des trois tranches sur lesquelles on a opéré, et ainsi de suite jusqu'à ce que l'on ait abaissé successivement toutes les tranches. Si une des divisions indiquées donnait zéro pour quotient, on écrirait zéro à la racine, et l'on continuerait, en abaissant la tranche suivante, comme si le nombre formé par l'abaissement de la précédente tranche n'était qu'un reste. L'exemple précédent indique suffisamment la disposition du calcul.

RACINES CUBIQUES DES FRACTIONS ORDINAIRES.

80. — *On fait le cube d'une fraction en faisant le cube de chacun de ses termes.*

Réciproquement *on extrait la racine cubique d'une fraction en prenant la racine cubique de chacun de ses termes.*

Nous distinguerons trois cas, comme dans la racine carrée, et nous les raisonnerons de la même manière ; il n'y aura qu'à substituer dans le raisonnement *cube* à *carré* et *racine cubique* à *racine carrée.*

RACINES CUBIQUES DES FRACTIONS DÉCIMALES.

81. — En raisonnant comme pour les carrés et racines carrées nous verrions que le cube d'un nombre a toujours trois fois plus de décimales que sa racine cubique.

Il s'ensuit que, *pour prendre la racine cubique d'un nombre décimal, on fera en sorte que le nombre des décimales soit divisible par 3, en écrivant des zéros à sa droite, si cela est nécessaire. On prendra ensuite la racine cubique du nombre, abstraction faite de la virgule et, sur sa droite, on séparera trois fois moins de chiffres qu'il y en a au nombre proposé.*

APPROXIMATION DES RACINES CUBIQUES.

82. — 1° *Pour prendre à une unité près la racine cubique d'un nombre fractionnaire, il suffit de prendre, à une unité près, la racine cubique des entiers contenus dans ce nombre.*

Le raisonnement est le même que pour la racine carrée ; il n'y a qu'à substituer l'exposant et l'indice du radical.

2° *Pour prendre la racine cubique d'un nombre à $\frac{1}{n}$ près, on multipliera ce nombre par le cube de n, dénominateur de l'approximation demandée ; on prendra à une unité près la racine cubique du produit obtenu et l'on fera exprimer à cette racine cubique des n^{mes}.*

Même raisonnement encore que pour la racine carrée.

83. — NOTA. Par des extractions de racines carrées et de racines cubiques convenablement combinées, on pourra prendre toute racine dont l'indice n'admettra pas d'autres facteurs premiers que 2 ou 3.

Ainsi soit proposé de prendre la racine douzième d'un nombre N. Soit x cette racine. On a donc : $x^{12} = N$. Prenons la racine carrée de chacun des deux membres de cette égalité, nous aurons $\sqrt{N} = x^6$. Si je prends la racine carrée de x^6, j'aurai : $\sqrt{x^6} = x^3$. Si je prends la racine cubique de x^3 j'aurai : $\sqrt[3]{x^3} = x$. Donc, pour avoir la racine 12e de N, on prend d'abord sa racine carrée, puis la racine carrée de sa racine carrée, et enfin la racine cubique de cette dernière racine carrée. On peut remarquer que 12 décomposé en ses facteurs premiers donne $2^2 \times 3$; c'est pourquoi nous avons eu à prendre deux racines carrées et une racine cubique. Mais s'il fallait prendre une racine d'un nombre dont l'indice admettrait d'autres facteurs premiers que 2 ou 3, comme $\sqrt[15]{\ }$, $\sqrt[17]{\ }$, il faudrait avoir recours aux logarithmes ou à des procédés qui dépassent les limites de ce cours.

CHAPITRE VI.

SYSTÈME MÉTRIQUE.

84. — *Le système métrique est un ensemble d'unités qui dérivent du mètre. Le mètre est l'unité de longueur.*

Conformément aux ordres de l'Assemblée constituante (1790), Delambre et Méchain, savants mathématiciens, mesurèrent l'arc du méridien de Paris compris entre Dunkerque et Barcelonne, et de la longueur trouvée ils conclurent que le quart de ce méridien ou la distance du pôle à l'équateur est de 5130740 toises. (La toise, unité de longueur de cette époque, se divisait en 6 pieds, le pied en 12 pouces, le pouce en 12 lignes, et la ligne en douze points). Ils divisèrent ce nombre par 10000000, ce qui donna 3^{pi} 0^{po} 11^l, 296. Telle est la longueur qui fut appelée *Mètre* et prise pour unité de longueur.

§ 1. Unités de longueur.

85. — *Le mètre est donc la dix-millionième partie du quart du méridien de Paris.*

Le mètre est trop long pour mesurer certaines longueurs, les dimensions d'un dessin linéaire, par exemple ; il est trop court pour en mesurer commodément certaines autres, comme la distance d'une ville à une autre.

C'est pourquoi on a adopté d'autres unités de longueur qui sont les multiples et les sous-multiples décimaux de l'unité principale, du mètre.

Les multiples sont, la *dizaine*, la *centaine*, *le mille* et la *dizaine de mille* du mètre, appelés :

Décamètre, Hectomètre, Kilomètre, Myriamètre. (Mots tirés du grec, et qui signifient : *dix mètres, cent mètres, mille mètres, dix-mille mètres.*)

Les sous-multiples sont le dixième, le centième, le millième du mètre, appelés :

Décimètre, Centimètre, Millimètre. (Mots tirés du latin, et signifiant dixième du mètre, centième du mètre, millième du mètre).

Nous allons écrire toutes ces unités sur une ligne horizontale, en commençant par les plus fortes, et au-dessous, sur une seconde ligne, leurs abréviations usitées :

(M) Myriamètre, Kilomètre, Hectomètre, Décamètre, Mètre, Décimètre, Centimètre, Millimètre.

Mm., Km., Hm., Dm., m., dm., cm., mm.

On voit que ces unités se suivent comme les divers ordres des unités des nombres décimaux ; comme celles-ci, elles sont de dix en dix fois plus fortes les unes que les autres, en allant de droite à gauche.

Il est nécessaire que les élèves apprennent d'abord à bien réciter la suite des noms ci-dessus, soit de droite à gauche, soit de gauche à droite. Ils devront aussi, partant d'un quelconque de ces noms, retrouver la suite des autres en allant, soit dans un sens, soit dans l'autre. L'expérience nous a appris que, cette condition remplie, l'élève acquiert dans quelques heures la connaissance pratique du système métrique.

Lorsque dans un nombre, comme 47^{Km}.5638, la virgule vient après le chiffre qui exprime des kilomètres, par exemple, on dit que le kilomètre est pris pour unité. Puisque dans ce nombre le 7 exprime des kilomètres, le 4, qui vient à sa gauche, exprimera des myriamètres, qui sont dix fois plus forts, et le 5, qui vient à sa droite, exprimera des hectomètres, qui sont dix fois plus faibles ; pour la même raison, le 6 exprimera des décamètres, le 3 des mètres, et le 8 des décimètres.

Ainsi, connaissant l'espèce d'unités d'un chiffre, on retrouve aisément celles de tous les autres chiffres.

Pour cela on nomme d'abord l'unité de ce chiffre, en y appuyant le doigt, puis posant successivement le doigt sur chacun des chiffres qui sont à sa gauche, on énonce à mesure les noms qui dans la ligne (M) sont à gauche celui qu'on a nommé d'abord. On fera de même pour les chiffres qui sont à sa droite, leur donnant successivement les noms qui, dans la ligne (M), sont à droite du premier qu'on a nommé.

Exemple, soit 576^{Hm},8294. Sur le 5 on dira : hectomètres ; sur le 7, qui est à gauche : kilomètres ; sur le 3 : myriamètres. A droite, on dira sur le 8 : décamètres ; sur le 2 : mètres ; sur le 9 : décimètres ; sur le 4 : centimètres.

Nous allons indiquer, ci-dessous comment on nomme successivement chaque chiffre d'un nombre, soit à gauche, soit à droite du chiffre pris pour unité :

Soit 854^{Dm},5432 ; on peut le figurer ainsi :

8	5	4^{Dm}.	5	4	3	2
Km.	Hm.		m.	dm.	cm.	mm.

Soit le nombre 63^{m},28. Nous allons indiquer ce qu'il convient de faire, dans le but de prendre pour unité le kilomètre :

0	0	6	3^{m}.	2	8
Km.	Hm.	Dm.		dm.	cm.

Soit le nombre 0^{Mm}, 6537. Pour prendre le centimètre pour unité nous aurons :

0^{Mm}.	6	5	3	7	0	0
	Km.	Hm.	Dm.	m.	dm.	cm.

On peut prendre tour à tour l'un quelconque des chiffres pour celui des unités, en écrivant la virgule à sa droite, et cela ne changera en rien la valeur du nombre, pourvu que ce chiffre quelconque conserve la même valeur qu'auparavant. En effet, tous les chiffres ayant gardé leur position relative, il suffit qu'un seul n'ait pas changé de valeur, pour que les autres n'en aient pas changé non plus.

Si donc on veut prendre pour unité le mètre dans le premier des nombres ci-dessus, il n'y aura qu'à écrire la virgule à la droite du chiffre qui exprime les mètres, et l'on aura : 8545^m, 432. En prenant pour unité le kilomètre, on aurait : 8^{Km}, 545432. En prenant pour unité le centimètre, on aurait : 854543^{cm}, 2.

Dans 63^m, 28, prenons pour unité le kilomètre, nous aurons : 0^{Km}, 06328, ayant compté sur des zéros les ordres manquants.

Prenons le centimètre pour unité du nombre 0^{Mm},6537, nous aurons : 653700^{cm}, ayant compté sur des zéros les ordres manquants.

Cette conversion des unités les unes en les autres est très fréquemment employée. Elle répond à des questions comme celles-ci :

1° *En* 839^{Km},7 *combien y a-t-il de mètres ?*

On prend le mètre pour unité et on trouve : 839700^m.

2° *Convertir* 657821 *décimètres en hectomètres ?*

On prend l'hectomètre pour unité et on a : 657^{Hm},821.

3° *Exprimer la valeur de* 532164^{mm}, 3 *en myriamètres ?*

On prend le myriamètre pour unité et la réponse est : 0^{Mm}, 05321643.

Ce changement d'unité peut encore se faire par un calcul mental bien facile. Ainsi, pour répondre à la première question : En 839^{Km},7 combien y a-t-il de mètres? On dira : $1^{Km} = 10^{Hm} = 100^{Dm} = 1000^m$. Il faut donc multiplier par 1000 le nombre de kilomètres 839^{Km},7 pour savoir combien il vaut de mètres, et l'on a : 839700^m.

Pour répondre à la seconde question :

Convertir 657821 *décimètres en hectomètres ?*

On dira : $1^{Hm} = 10^{Dm} = 100^m = 1000^{dm}$. Donc, autant de fois le nombre de décimètres donné contiendra 1000, autant il contiendra d'hectomètres. On le divisera par 1000, et l'on aura : 657^{Hm}, 821.

Pour la troisième :

Exprimer la valeur de 532164^{mm}, 3 *en myriamètres ?*

On dira : $1^{Mm} = 10^{Km} = 100^{Hm} = 1000^{Dm} = 10000^m =$

100000^{dm} = 1000000^{cm} = 10000000^{mm}. Donc, autant de fois le nombre donné de millimètres contiendra 10000000, autant il contiendra de myriamètres. On le divisera par 10000000, et l'on aura : 0^{Mm} 05321643.

En résumé : *Cherchez le nombre de fois que la plus forte unité contient la plus faible, et, s'il faut convertir des unités plus grandes en unités plus petites, multipliez par la puissance de 10 qui exprime ce nombre de fois; s'il faut convertir des unités plus petites en unités plus grandes, au lieu de multiplier, divisez.*

APPLICATIONS.

86. — 1° Faire le total de 55^{Km}, 7 + 8^{Mm}, 6352 + 895^{Dm} + 131848^{cm}.

Pour appliquer la règle de l'addition des nombres décimaux, je commence par réduire tous ces nombres à la même unité, en mètres, par exemple, et je fais l'addition ci-contre qui me donne un total de 72320^{m},48 que je pourrai, si je le juge convenable, exprimer en kilomètres : 72^{Km}, 32048.

$$
\begin{array}{r}
55700^{m} \quad » \\
6352 \quad » \\
8950 \quad » \\
1318^{m} 48 \\
\hline
72320^{m},48
\end{array}
$$

2° Multiplier 34^{Dm}, 2 par 7^{m}, 35. (*Géométrie.*)

Je réduis les deux nombres en décamètres, par exemple, et je fais le produit 34^{Dm}, 2 × 0^{Dm}, 735.

Ce produit s'écrira : 25$^{Dm. q.}$, 1370; l'unité du produit sera le décamètre carré.

Si les deux nombres avaient exprimé tous les deux des mètres ou des décimètres, etc., le produit eût exprimé des mètres carrés, ou des décimètres carrés, etc.

$$
\begin{array}{r}
34,2 \\
0,735 \\
\hline
1710 \\
1026 \\
2394 \\
\hline
25,1370
\end{array}
$$

87. — Nota. Du rapprochement que nous avons fait entre les nombres exprimant des mètres, des multiples et des sous-multiples du mètre, et les nombres décimaux ordinaires, il résulte que les premiers peuvent, comme les seconds, se lire de trois manières.

Ainsi 6375^{Mm}, 8294 pourra se lire : 1° 63 myriam, 7^{Km}, 5^{Mm}, 8^{Dm}, 2^{m}, 9^{dm}, 4^{cm}; 2° 6375^{Mm}, 8294^{cm}; 3° 63788294^{cm}. Même genre de démonstration que pour les nombres décimaux.

88. — Les mesures effectives soumises au poinçon et pouvant être construites en métal, en bois ou en toute autre matière solide sont :

le double décamètre,	*le double mètre,*	*le double décimètre,*
le décamètre,	*le mètre,*	*le décimètre,*
le demi-décamètre,	*le demi-mètre,*	

En résumé, ce sont : le décamètre et le mètre avec le double et la moitié, et le décimètre avec le double.

§ 2. Unités de superficie.

89. — *L'unité de superficie est toujours le carré de l'unité de longueur, c'est-à-dire, un carré ayant pour côté l'unité de longueur.*

De là, autant d'unités de superficie que d'unités de longueur.

Voici leurs noms et leurs abréviations usitées :

(n) Myriamètre carré,	Kilomètre carré,	Hectomètre carré,	Décamètre carré,	Mètre carré.
Mm. q.	**Km. q.**	**Hm. q.**	**Dm. q.**	**m. q.**
		ou	ou	ou
		Hectare.	Are.	Centiare.
		Ha.	**a.**	**ca.**

(n *suite)*	Décimètre carré.	Centimètre carré.	Millimètre carré.
	dm. q.	**cm. q.**	**mm. q.**

Supposons un carré A B C D ayant un mètre de côté ; sur son côté A B partagé en dix décimètres , établissons dix petits carrés d'un décimètre de côté, soit dix décimètres carrés : Nous arrivons jusqu'à la ligne *a b,* au dixième de la hauteur B C du mètre carré. Il faudrait superposer dix bandes, comme la bande A B *b a* pour remplir tout le carré A B C D. Donc un mètre carré contient cent décimètres carrés (10 fois 10).

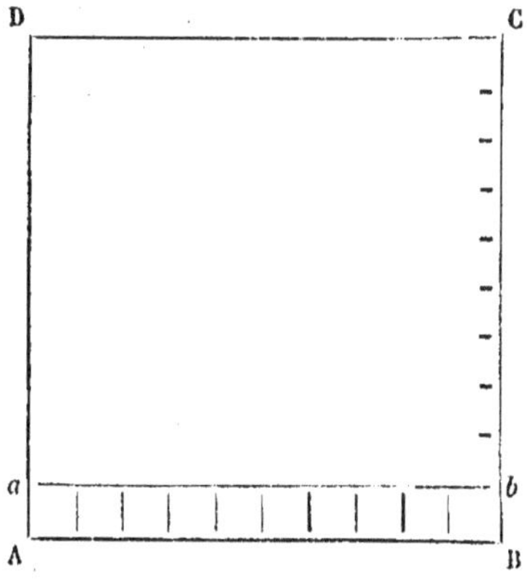

On ferait voir de même qu'un décimètre carré contient cent centimètres carrés, etc.

En résumé, à mesure que les côtés des carrés sont dix fois plus grands les uns que les autres, les surfaces de ces mêmes carrés sont cent fois plus grandes les unes que les autres ; autrement dit, les unités de surface, prises dans leur ordre successif de grandeur croissante, sont de cent en cent fois plus grandes les unes que les autres, ou, dans l'ordre inverse, de cent en cent fois plus petites.

Donc, dans un nombre écrit, on passera successivement d'une unité de surface à celle qui la suit immédiatement en sautant un chiffre.

Soit le nombre 598$^{m.\ q.}$, 673204. Puisque le 8 exprime les mètres carrés, c'est le 5, venant au 2me rang à sa gauche qui exprime les décamètres carrés, lesquels sont cent fois plus forts que les mètres carrés, et c'est le 7, venant au 2me rang à sa droite, qui exprime les décimètres carrés, lesquels sont cent fois plus faibles que les mètres carrés. Pour la même raison, le 2 exprime les centimètres carrés, qui sont cent fois plus faibles que les décimètres carrés, et le 4 les millimètres carrés, qui sont cent fois plus faibles que les centimètres carrés.

Étant donné un nombre, rapporté à une unité déterminée, nous allons figurer ci-dessous la place qu'occupent dans ce nombre toutes les autres unités. Soit le nombre 237$^{Dm.\ q}$,56843. On le figurera ainsi :

0	0	0	0	2	37^{Dmq},	56	84	30	00
Mm. q.	Km. q.	Hm. q.		mq.		dmq.	cmq.	mmq.	

Soit encore 37523^{a} , 295. Nous figurons :

0	0	3	7	5	23^{a}.	29	50	00	00
Mmq.	Kmq.	Ha.		ca.		dm. q.	cm. q.	mm. q.	

Conséquences. — 1° À partir de la virgule, il faut deux chiffres à chacune des diverses unités, en allant vers la droite, pour former des nombres susceptibles d'être énoncés en ces unités. On en pourrait dire autant dans tous les cas, de la partie qui est à gauche de la virgule, à la condition que, si cette partie a un nombre impair de chiffres, on suppose qu'elle doive commencer par un zéro.

S'il y a un nombre impair de chiffres à la droite de la virgule, on supposera, pour l'énoncé, un zéro après le dernier chiffre.

S'il y a un nombre impair de chiffres à gauche de la virgule, il ne sera pas utile, pour l'énoncé, de supposer un zéro devant le premier chiffre du nombre ; car ce zéro ne saurait modifier en rien l'énoncé du nombre.

EXEMPLES : Pour 37^{mq} 8, lisez : 37^{mq} 80 ^{dmq} ; mais pour 9^{Ha}, 25, laissez 9^{Ha} 25^{ca} ; car $09^{Ha}25^{ca}$, ne se lirait pas autrement.

2° On pourra prendre pour chiffres des unités l'un quelconque des chiffres du nombre, pourvu que ce chiffre corresponde à une des diverses unités que nous avons nommées. Cela ne changera pas la valeur du nombre, si le chiffre ainsi choisi garde sa valeur primitive. En effet, tous les chiffres ayant la même position relative, il suffit qu'un seul n'ait pas changé de valeur pour que les autres n'en aient pas changé non plus.

3° Pour opérer des changements d'unités, il n'y aura qu'à voir quel est le chiffre qui marque les unités que l'on veut donner au nombre, et à mettre la virgule à droite de ce chiffre. S'il n'y a pas assez de chiffres significatifs pour cela, on comptera sur des zéros.

EXEMPLES DES CONVERSIONS D'UNITÉS.

90. — En $837^{Km.q.}26$. Combien y a-t-il de centiares ? (mètres carrés).

Nous figurons ainsi qu'il suit l'opération faite pour rechercher, dans le nombre proposé, la place des diverses unités inférieures au K^{mq} et, par conséquent, à droite de la virgule, jusqu'au centiare ou mètre carré :

837	26	00	00
Km. q.	Hm. q.	Dm. q.	m. q.

Nous prenons ensuite pour unité le mètre carré, et la réponse est : $837260000^{m.q.}$.

En 76532905^{dm. q.}, *combien y a-t-il d'ares (décamètres carrés)?*

Nous rechercherons la place des unités supérieures au dm. q. en allant vers la gauche jusqu'au décamètre carré.

$$7 \quad 6 \quad 5 \quad 3 \quad 2 \quad 9 \quad 0 \quad 5^{\text{dm. q.}}$$

Dm.q.   mq.

Nous mettrons la virgule à droite du chiffre 3 des décamètres carrés, et nous obtiendrons :

$$7653^{\text{Dm. q.}}, 2905.$$

Dans le nombre 3783^{m. q.} prenons pour unité l'hectare (l'hectomètre carré).

L'hectomètre carré sera recherché à gauche du m. q. ainsi que nous le figurons :

$$0 \quad 0 \quad 3 \quad 7 \quad 8 \quad 3^{\text{m. q. ou ca.}}$$

Ha.   a.

Nous obtiendrons : 0^{Ha}, 3783 (Il est inutile d'écrire deux zéros avant la virgule).

Ce changement d'unité peut encore se faire par un calcul mental bien facile.

Ainsi, pour répondre à la question :

En 837^{Km. q.}, *combien y a-t-il de centiares (mètres carrés)?*

On dira : 1^{Km. q.} = 100^{Hm. q.}, = 10000^{Dm. q.}, = 1000000^{m. q.}. Il faut donc multiplier par 1000000, le nombre de kilomètres carrés 837^{Km. q.}, 26 pour savoir combien il contient de mètres carrés ou de centiares, et l'on a : 837260000^{ca.}.

Pour répondre à la question :

En 76532905^{dm. q.}, *combien y a-t-il d'ares (décamètres carrés)?*

On dira : 1^{Dm. q.} = 100^{m. q.}, = 10000^{Dm. q.} ; donc autant de fois le nombre de décimètres carrés donné contiendra 10000, autant il contiendra de décamètres carrés ou d'ares. On divisera 76532905^{dm. q.} par 10000, et l'on aura 7653^a, 2905.

Pour prendre pour unité l'hectare (hectomètre carré) dans le nombre 3783$^{m.q.}$ on dira encore : 1$^{Hm.q.}$ = 100$^{Dm.q.}$ = 10000$^{m.q.}$ Donc autant de fois 10000 est contenu dans 3783$^{m.q.}$, autant il y a d'hectares, et l'on aura : 0$^{Ha.}$ 3783.

En résumé, *cherchez le nombre de fois que la plus forte unité contient la plus faible, et, s'il faut convertir des unités plus grandes en unités plus petites, multipliez par la puissance de 10 qui exprime ce nombre de fois; s'il faut convertir des unités plus petites en unités plus grandes, au lieu de multiplier, divisez.*

91. — Nota. La règle précédente ne suppose aucun effort de mémoire. En effet, pour dire : 1$^{Mm.q.}$, = 100$^{Km.q.}$, = 10000 $^{Hm.q.}$, = 1000000$^{Dm.q.}$, etc., il suffit, en repassant mentalement la série des puissances de 10, savoir : 10, 100, 1000, 10000, 100000, etc., etc., d'omettre la première, la troisième, la cinquième et ainsi de suite, de deux en deux, à mesure qu'elles viennent à l'esprit.

Nous figurons cette opération mentale comme suit :

$$\text{10} \quad \text{100} \quad \text{1000} \quad \text{10000} \quad \text{100000} \quad \text{1000000} \quad \text{etc.}$$

En repassant mentalement tous ces nombres, on ne nommera que ceux qui sont écrits en gros caractères.

EXEMPLES ET APPLICATIONS.

92. — On demande le total de 37$^{Ha.}$, 6815 + 19856$^{m.q.}$, 2 + 215$^{a.}$, 8 + 2786$^{ca.}$, 84 + 0$^{Km.q.}$, 56327.

Je fais observer d'abord que pour entrer dans la série des noms de la ligne (*n*) je substitue par la pensée aux noms hectares, ares et centiares leurs synonymes Hm.q., Dm.q , mq.

376815	
19856,	2
215480	
2786,	84
563270	
1177908$^{mq.}$,04	

Pour opérer l'addition proposée, je réduis tout en mètres carrés, par exemple, ce qui me donnera : 376815$^{m.q.}$ + 19856$^{m.q.}$, 2 + 215480$^{m.q.}$ + 2786$^{m.q.}$, 84 + 563270$^{m.q.}$.

Le total étant 1177908$^{m.q.}$, 84$^{dm.q.}$, si je veux l'exprimer en hectares, j'aurai 117$^{Ha.}$, 790804.

93. — Nota. Les nombres exprimant des superficies peuvent, eux aussi, se lire de trois manières :

1° On énonce les diverses unités séparément, en prenant toujours les chiffres de manière à ce que, à partir de la virgule, ils soient pris deux par deux dans un sens et dans l'autre, sauf le premier à gauche qui sera lu seul, si les chiffres sont en nombre impair à gauche de la virgule ; ainsi 87345ª·, 763 se lira : 8 kilomètres carrés, 73 hectares, 45 ares, 76 centiares, 30 décimètres carrés ;

2° On énoncera ensemble tous les chiffres qui sont à gauche de la virgule, et tous ceux qui sont à droite. Exemple : 87345 ares, 7630 décimètres carrés ;

3° Le nombre se lira tout entier dans un seul énoncé : 873457630 décimètres carrés.

94. — Il n'y a pas d'unités effectives de superficie. On formera les mètres carrés en multipliant l'un par l'autre deux nombres dans lesquels le mètre sera pris pour unité, l'un des nombres exprimant en général une longueur et l'autre une largeur. Ainsi, 4ᵐ, 2 × 2ᵐ, 31 donne 9ᵐq· 702. On forme de même les ares ou décamètres carrés en multipliant l'un par l'autre deux nombres dans lesquels le décamètre est pris pour unité.

On emploie de préférence les noms hectare, are, centiare, au lieu d'hectomètre carré, décamètre carré, mètre carré, lorsqu'il s'agit de surfaces agraires. L'are est alors regardée comme l'unité principale, l'hectare est son multiple, et le centiare son sous-multiple.

§ 3. Unités de volume.

95. — L'unité de volume est toujours le cube de l'unité de longueur ou un cube ayant pour arête l'unité de longueur.

Il pourrait donc y avoir autant d'unités de volumes que d'unités de longueur. Cependant on n'emploie que le mètre cube et les cubes des sous-multiples du mètre.

Voici les noms de ces diverses unités et leurs abréviations usitées :

(n) Mètre cube,   Décimètre cube,   Centimètre cube,   Millimètre cube.
    m. c.   dm. c.   cm. c.   mm. c.

Ce sont des cubes ayant pour arête le mètre, le décimètre, le centimètre, le millimètre.

96. — On appelle cubes, des solides semblables à un dé à jouer, qui sont compris sous six faces carrées égales.

On voit facilement que de deux cubes dont l'un a les arêtes dix fois plus longues que l'autre, le premier est mille fois plus grand que le second. En effet, sur la base du premier je puis former cent carrés égaux aux faces du second (88), et sur chacun de ces cent carrés élever dix solides égaux au second solide.

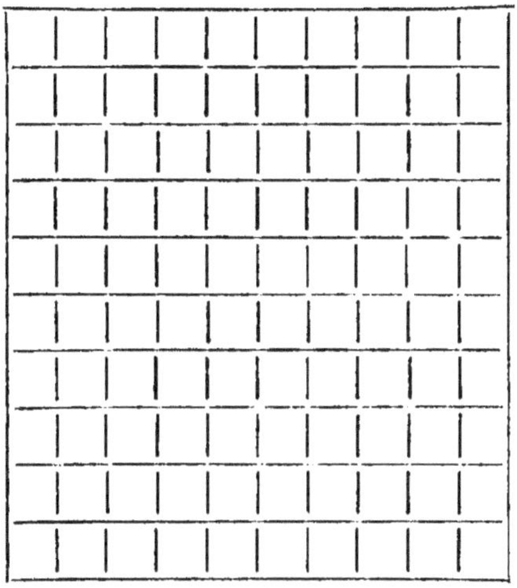

Donc ici les diverses unités sont de mille en mille fois plus fortes les unes que les autres, et les chiffres qui leur correspondent sont ceux qui expriment des ordres d'unités mille fois plus forts les uns que les autres. Il faut donc sauter deux chiffres pour aller de l'un à l'autre.

Soit donné le nombre $3132428^{\text{m.c.}}$ 605087, où l'unité est le m. c. ; figurons la manière de rechercher la place occupée dans ce nombre par les diverses autres unités, en admettant même qu'on fasse usage des multiples du mètre cube. Nous obtenons :

$$000 \quad 000 \quad 003 \quad 132 \quad 428^{\text{m.c.}}, \quad 605 \quad 870 \quad 000$$

Mm.c.   Km.c.   Hm.c.   Dm.c.   dm.c.   cm.c.   mm.c.

Conséquences : 1° A partir de la virgule, il faut trois chiffres à chacune des diverses unités, en allant vers la droite, pour former des nombres susceptibles d'être énoncés en ces unités. On en pourrait dire autant, dans tous les cas, de la partie qui est à gauche de la virgule, à la condition que, si cette partie a un nombre de chiffres non divisible par trois, on suppose qu'elle doive commencer par un ou deux zéros.

S'il y a un nombre de chiffres non divisible par trois à droite de la virgule, on supposera, pour l'énoncé, un zéro ou deux après le dernier chiffre.

S'il y a un nombre de chiffres non divisible par trois à gauche de la virgule, il ne sera pas utile, pour l'énoncé, de supposer un ou deux zéros devant le premier chiffre du nombre ; car ces zéros ne sauraient modifier en rien l'énoncé du nombre.

EXEMPLES : Pour 128$^{m \cdot c \cdot}$, 97, lisez : 128$^{m \cdot c \cdot}$, 970$^{dm \cdot c \cdot}$; pour 207$^{m \cdot c \cdot}$ 9, lisez : 207$^{m \cdot c \cdot}$, 900$^{dm \cdot c \cdot}$; mais pour 34$^{dm \cdot c \cdot}$, 305, laissez le nombre tel qu'il est, car 034$^{dm \cdot c \cdot}$, 305 ne s'énoncerait pas autrement.

2° On pourra prendre pour chiffre des unités l'un quelconque des chiffres du nombre, pourvu qu'il corresponde à une des unités que nous avons nommées : cela ne changera pas la valeur du nombre, si le chiffre ainsi choisi garde sa valeur primitive.

3° Pour opérer des changements d'unités, il n'y aura qu'à voir quel est le chiffre qui marque les unités que l'on veut adopter, et à mettre la virgule à droite de ce chiffre. Si le nombre n'a pas assez de chiffres significatifs pour cela on comptera sur des zéros.

EXEMPLES DE CONVERSIONS D'UNITÉS.

97. — *En 16^{mc}, 29, combien y a-t-il de centimètres cubes ?*
Voici figurée la recherche de la place des unités inférieures au mètre cube, jusqu'au centimètre cube.

$$16^{mc} \quad 290 \quad 000$$

dm. c.   cm. c.

On aura : 16290000$^{cm \cdot c \cdot}$

En 138206475$^{cm \cdot c \cdot}$, 22, combien y a-t-il de décamètres cubes ?
Suit la recherche des unités supérieures au centimètre cube, jusqu'au décamètre cube.

$$000 \quad 138 \quad 206 \quad 475^{cm \cdot c \cdot}, \quad 22$$

Dm.c.   m.c.   dm.c.

On a 0$^{Dm \cdot c}$13820647522 et, pour l'énoncé : 0$^{Dm \cdot c}$,138206475220
On conçoit qu'il était inutile de mettre plus d'un zéro à gauche de la virgule.

On peut encore faire ce changement d'unités par un calcul mental très-simple. Ainsi, pour répondre à la question : En 16$^{m \cdot c}$, 29, combien y a-t-il de centimètres cubes ? — On dira : 1$^{cm \cdot}$ = 1000$^{dm \cdot c}$ = 1000000 de $^{cm \cdot c \cdot}$. Il faut donc multiplier par 1000000 le nombre de mètres cubes $16^{m\cdot c}$, 29, pour savoir combien il contient de centimètres cubes, et l'on a : $16290000^{cm\cdot c}$.

Pour répondre à la question : En $138206475^{cm\cdot c}$,22, combien y a-t-il de décamètres cubes? — On dira : $1^{Dm\cdot c} = 1000^{m\cdot c} = 1000000^{dm\cdot c\cdot} = 1000000000^{cm\cdot c\cdot}$. Donc autant de fois le nombre donné de cm.c contiendra 1000000000, autant il contiendra de décamètres cubes. On divisera $138475206^{cm\cdot c}$,22 par 1000000000, et l'on aura $0^{Dm\cdot c}$,13820647522.

En résumé, *cherchez le nombre de fois que la plus forte unité contient la plus faible, et, s'il faut convertir des unités plus grandes en unités plus petites, multipliez par la puissance de 10, qui exprime ce nombre de fois; s'il faut convertir des unités plus petites en unités plus grandes, au lieu de multiplier, divisez.*

98. — Nota. La règle précédente ne suppose aucun effort de mémoire. En effet, il suffit, en repassant mentalement la série des puissances de 10, savoir : 10, 100, 1000, 10000, 100000, 1000000, etc., d'omettre les deux premières, la quatrième et la cinquième, la septième et la huitième, et ainsi de suite, à mesure qu'elles se présentent. Nous figurons cette opération mentale comme suit : 10, 100, **1000**, 10000, 100000, **1000000**, 10000000, 100000000 **1000000000**, etc.

En repassant mentalement tous ces nombres, on ne nommera que ceux qui sont écrits en gros caractères.

Nota. Les nombres exprimant les unités de volume peuvent, eux aussi, se lire de trois manières. Ainsi pour $9^{m\cdot c\cdot}$, 002856324, on aura : 1° $9^{m\cdot c\cdot}$,$2^{dm\cdot c\cdot}$, $856^{cm\cdot c\cdot}$,$324^{mm\cdot c\cdot}$; 2° $9^{m\cdot c\cdot}$,$2856324^{mm\cdot c\cdot}$; 3° $9002856324^{mm\cdot c\cdot}$.

Il n'y a point d'unités effectives de volume. On formera les mètres cubes en multipliant l'un par l'autre trois nombres dans lesquels le mètre est pris pour unité de longueur, ces nombres rapportés à la même unité exprimant en général la longueur, la largeur et l'épaisseur d'un solide.

99. — Le mètre cube porte le nom de stère quand il est destiné à mesurer le bois de chauffage. On compte encore par décastères ou dix stères, et décistères ou dixièmes de stère. Il y a entre ces trois unités le même rapport qu'entre le mètre, le décamètre et le décimètre.

Les mesures effectives, soumises au poinçon officiel, sont le demi-décastère, le double stère, le stère. Ces mesures sont représentées par deux membrures formées d'une sole, de deux montants et de deux contre-fiches.

La longueur de la sole entre les montants est :

Pour le demi-décastère ..... 3 mètres.
Pour le double stère........ 2   —
Pour le stère............. 1   —

Si la longueur du bois est 1 mètre, la hauteur des montants est :

Pour le demi-décastère .... 1^m,667
Pour le double stère et le stère. 1^m.

Mais si la longueur du bois varie, la hauteur des montants variera aussi, de manière à ce que le produit de l'une par l'autre égale :

Pour le demi-décastère .... 1^m × 1^m,667 = 1$^{m.q.}$,667
Pour le double stère et le stère. 1^m × 1^m = 1$^{m.q.}$

EXEMPLE : *Des bûches mesurées au demi-décastère ont 1^m 20 de longueur, quelle est la hauteur des montants ?*

Si on appelle h cette hauteur, on doit avoir : 1^m, 20 × h = 1,667 ; d'où h = $\frac{1,667}{1,20}$ = 1^m,389.

§ 4. Unités de capacité.

100. — *L'unité de capacité, servant à mesurer les liquides et les matières sèches, est le litre.*

Cette unité admet, comme le mètre, et pour les mêmes raisons, des multiples et des sous-multiples qui sont, en commençant par les plus forts :

l'Hectolitre. le Décalitre, le Litre, le Décilitre, le Centilitre.
Hl.   Dl.   l.   dl.   cl.

Ces unités ayant entre elles les mêmes rapports que les unités de longueur, la théorie en est aussi la même ; il n'y aura qu'à substituer le mot litre au mot mètre, et la terminaison litre à la terminaison mètre. Nous ferons seulement observer que le litre est la capacité d'un décimètre cube. De là la synonymie des noms des deux lignes suivantes :

Centilitre	Décilitre	Litre	Décalitre	Hectolitre
10	100	1000	10	100
cm. c.	cm. c.	cmc c. 1 dm. c.	dm. c.	dm. c.

101. — Les mesures effectives de capacité légalement admises sont :

1° Pour les matières sèches :

	Double décalitre	Double litre	Double décilitre
Hectolitre	Décalitre	Litre	Décilitre
Demi-hectolitre	Demi-décalitre	Demi-litre	Demi-décilitre

Elles sont cylindriques, avec le diamètre égal à la hauteur intérieurement.

Ces mesures peuvent être en bois, en cuivre ou en tôle. Ce sont, en résumé, l'hectolitre et le demi, puis le décalitre, le litre et le décilitre avec le double et le demi.

2° Pour les liquides autres que le lait :

Double litre	Double décilitre	Double centilitre
Litre	Décilitre	Centilitre
Demi-litre	Demi-décilitre	Demi-centilitre

Elles sont cylindriques avec la hauteur double du diamètre intérieurement et en étain exclusivement. Les mêmes mesures, en fer blanc et avec le diamètre égal à la hauteur s'emploient pour mesurer les huiles.

De plus, on pourra employer, en les établissant en cuivre, tôle ou fonte avec étamage ou analogue, et avec les formes prescrites pour les matières sèches :

	Double décalitre
Hectolitre	Décalitre
Demi-hectolitre	Demi-décalitre

3° Pour le lait :

Double litre	Double décilitre
Litre	Décilitre
Demi-litre	

en fer blanc, avec le diamètre égal à la hauteur intérieurement.

§ 5. **Unités de poids.**

102. — *L'unité de poids est le gramme.*

Cette unité a, comme le mètre et le litre, et pour les mêmes raisons, des multiples et des sous-multiples qui sont, en commençant par les plus forts :

le Myriagramme, le Kilogramme, l'Hectogramme, le Décagramme,
Mg.   **Kg.**   **Hg.**   **Dg.**

le Gramme, le Décigramme, le Centigramme, le Milligramme.
g.   dg.   cg.   mg.

103. — La théorie en est la même que celle des unités de longueur et des unités de capacité.

Observons que le gramme est le poids de l'eau prise à la température de 4 degrés centigrades au-dessus de zéro, qui entrerait dans un centimètre cube. De là les rapprochements suivants entre les poids et les volumes de l'eau :

MILLIGRAMME	CENTIGRAMME	DÉCIGRAM.	GRAMME	DÉCAGRAM.	HECTOGR^me	KILOGRAM.	MYRIAGRAMME
1	10	100	1000	10	100	1000	10
mm. c.	mm. c.	mm. c.	mm. c.	cm. c.	cm. c.	cm. c.	décim. cubes
			1	1	1	1	1
			cm. c.	CENTILIT^re	DÉCILITRE	LITRE	DÉCALITRE

Les poids effectifs légalement admis sont :

1° *En cuivre :*

    20 Kg.
    10 Kg.
    5 Kg.

1 Kg. ou 1000 g., le double et la moitié... $\begin{cases} \text{2 Kg.} \\ \tfrac{1}{2}\text{Kg. ou 5 Hg. ou 500 g.} \end{cases}$

1 Hg. ou 100 g.,   id.   ... $\begin{cases} \text{2 Hg. ou 200 g.} \\ \tfrac{1}{2}\text{Hg. ou 50 g.} \end{cases}$

1 Dg. ou 10 g.,   id.   ... $\begin{cases} \text{2 Dg. ou 20 g.} \\ \text{5 g.} \end{cases}$

1 g.,   id.   ... $\begin{cases} \text{2 g.} \\ \text{5 dg.} \end{cases}$

1 dg.,   id.   ... $\begin{cases} \text{2 dg.} \\ \text{5 cg.} \end{cases}$

$$1 \text{ cg.,} \qquad \text{id.} \qquad \dots \left\{ \begin{array}{l} 2 \text{ cg.} \\ 5 \text{ mg.} \end{array} \right.$$

$$1 \text{ mg.,} \qquad \text{le double} \qquad \dots \left\{ \begin{array}{l} 2 \text{ mg.} \end{array} \right.$$

2° En fer :

La série commence au poids de 50$^{Kg.}$ ou 5 $^{Mg.}$, et s'arrête au $\frac{1}{2}$ $^{Hg.}$ ou 50 g.

Les noms sont les mêmes que dans la série en cuivre.

Nota. On donne le nom de *tonne* ou *tonneau* au poids de 1000 $^{Kg.}$, et celui de *quintal métrique* au poids de 100 $^{Kg.}$.

§ 6. Des monnaies.

104. — Les monnaies sont d'or, d'argent et de bronze. Toutefois l'or et l'argent employés à la fabrication de la monnaie sont alliés à une certaine quantité de cuivre qui les rend plus durs et plus propres à résister à l'action du *frai*, c'est-à-dire, à la diminution de poids par le frottement.

Une convention monétaire a été conclue le 23 décembre 1865, entre la France, la Belgique, l'Italie et la Suisse. D'après cette convention, promulguée par un décret impérial du 20 juillet 1866, toutes les pièces d'or et la pièce de 5 francs d'argent, sont au titre de 900 millièmes de fin et de 100 millièmes de cuivre, c'est-à-dire que les 0,900 du poids de toutes les pièces d'or sont en or pur, et le 0,100 de ce même poids en cuivre; pour la pièce de 5 francs, les 0,900 de son poids sont d'argent pur, et les 0,100 de cuivre.

Quant aux pièces divisionnaires de 2 francs, 1 franc, 50 et 20 centimes, elles sont au titre de 835 millièmes de fin et 165 millièmes de cuivre.

La pièce de 1 francs, du poids de 5 grammes, était regardée comme l'unité de monnaie. (Avant la loi du 25 mai 1864, qui abaissait déjà à 0,835 le titre des pièces de 50 et 20 centimes, toutes les monnaies d'or et d'argent étaient, en France, au titre de 0,900 de fin.

En se fondant sur le fait que l'or, à poids égal, valait 15,5 fois plus que l'argent, on trouvait pour le poids de 1 franc en or au titre des monnaies $\frac{5}{15,5}$ de gramme ou $\frac{10}{31}$ de gramme.

En se fondant sur le fait que le bronze, à poids égal, valait 20 fois moins que l'argent, on trouvait pour le poids de 1 franc en bronze 5×20 grammes ou 100 grammes.

Conséquences. 1° Pour trouver en grammes le poids d'une somme d'argent, on multipliera par 5 le nombre qui exprime le montant de cette somme. Exemple : 3 7 fr. 50 pèsent 37,50×5=187ᵍ,50.

2° Pour trouver en grammes le poids d'une somme d'or, on multiplie par $\frac{10}{31}$ le nombre qui exprime le montant de cette somme. Exemple : 20 francs en or pèsent $20 \times \frac{10}{31} = \frac{200}{31} = 6ᵍ,45161$.

3° Pour trouver en grammes le poids d'une somme de bronze on multipliera par 100, le nombre qui exprime le montant de la somme. Exemple : 2 centimes en bronze pèsent $100 \times 0,02 = 2ᵍ$.

Dans les questions relatives à la valeur des monnaies, on néglige toujours la valeur du cuivre.

La valeur *réelle* des pièces d'or et d'argent, par opposition à leur valeur *nominale*, est la valeur que ces pièces prendraient, si elles étaient réduites en lingot et présentées ainsi à l'Hôtel des monnaies. (1)

La valeur réelle est nécessairement au-dessous de la valeur nominale. En effet, le gouvernement accorde 6 fr. 70 à l'entreprise des monnaies pour la fabrication par chaque kilogramme d'or, et 1 fr. 50 par chaque kilogramme d'argent ; d'où il suit, en comptant la valeur de 5 grammes d'argent monnayé à 1 franc :

Valeur de 1 Kᵍ. d'argent au titre des monnaies et monnayé............ 200 fr.

Valeur de 1 Kᵍ. d'argent au titre des monnaies non-monnayé .... 200 − 1,50 = 198,50.

Comme le cuivre est compté pour rien, ce seraient donc, en supposant le titre de 0,900, les 900 grammes d'argent pur seuls qui auraient la valeur ci-dessus calculée. Par suite :

900ᵍ. d'argent pur valent en lingot. 198ᶠ,50.

1ᵍ. d'argent pur vaut en lingot.. $\dfrac{198ᶠ,50.}{900} = 0ᶠ,22056$.

1Kᵍ. d'argent pur vaut en lingot. 220ᶠ,56.

D'après cela, si l'on calcule la valeur réelle de 1 franc, au titre actuel de 0,835, on l'obtiendra en considérant que les 0,835 de 5 grammes ou du poids de la pièce, soit 4ᵍ,175 sont en argent pur et valent à raison de 0ᶠ,22056 par gramme ; on trouvera que la valeur réelle de 1 franc en argent est seulement de 0,9208, soit un peu plus 90 centimes.

Pour l'or, on aura :

(1) La valeur nominale de la monnaie d'argent n'a pas changé par la loi du 15 mai 1864, ni par le décret du 20 juillet 1866 ; mais sa valeur réelle a nécessairement changé.

Valeur de 1 Kᵍ d'or au titre des mon-
naies et monnayé............... $200^f \times 15^f,5 = 3100^f$
Valeur de 1 Kᵍ d'or au titre des mon-
naies et non monnayé........... $3100^f - 6^f,70 = 3093^f,30$

Comme le cuivre est compté pour rien, ce seraient 900 g. d'or pur, si on suppose le titre de 0,900, qui auraient cette valeur de $3093^f,30$, d'où :

$$900 \text{ g. d'or pur valent en lingot...} \quad 3093^f,30$$

$$1 \text{ g. d'or pur vaut en lingot ....} \quad \frac{3093^f,30}{900} = 3^f,437$$

$$1 \text{ Kᵍ d'or pur vaut en lingot.....} \quad 3437^f.$$

D'après cela, une pièce en or de 20 francs pesant $6^g,45161$, et étant au titre de 0,900, si on prend les 0,900 de $6^g,45161$ soit $5^g,806449$ et si on multiplie par ce nombre $3^f,437$ valeur d'un gramme, on aura $3^f,437 \times 5^g,806449 = 19^f,9568$ valeur réelle de 20 francs en or.

Le tableau ci-dessous résume les diverses dispositions d'après lesquelles les monnaies sont fabriquées dans chacun des quatre Etats signataires de la convention du 23 décembre 1865.

NATURE des pièces et valeurs.		Diamètre d'une pièce	POIDS D'UNE PIÈCE.			Nombre de pièces par Kilogram.
Nominale.	Réelle.		Poids droit	Poids fort.	Poids faible	
OR :						
fr. c.	fr. c.	mil.	gr.	gr.	gr.	
100 »	99,7839	35	32, 25800	32, 29026	32, 22574	31
50 »	49,8919	28	16, 12900	16, 16126	16, 09674	62
20 »	19,9568	21	6, 45161	6, 46454	6, 43871	155
10 »	9,9784	19	3, 22580	3, 23226	3, 21935	310
5 »	4,9892	17	1, 61290	1, 61774	1, 60806	620
ARGENT :						
5 »	4,9625	37	25	25, 075	24, 925	40
2 »	1,8416	27	10	10, 050	9, 950	100
1 »	9208	23	5	5, 025	4, 075	200
» 50	4604	18	2, 500	2, 51750	2, 48250	400
» 20	1842	16	1	1, 010	990	1000
BRONZE :						
» 10		30	10	10, 100	9, 900	100
» 5		25	5	5, 050	4, 950	200
» 2		20	2	2, 030	1, 970	500
» 1		15	1	1, 015	985	1000

§ 7. Du Temps et de la Circonférence.

105. — Deux espèces d'unités, celle du temps et celle de la circonférence sont en dehors du système métrique.

Le temps se compte, comme on sait, par année de 365 ou 366 jours; le jour se divise en 24 heures; l'heure a 60 minutes; la minute se divise en 60 secondes, et la seconde en 60 tierces ou plus communément en fractions décimales de seconde.

La circonférence se divise en 360 degrés, le degré en 60 minutes et la minute en 60 secondes, puis la seconde en fractions décimales de seconde.

Des nombres composés de plusieurs de ces unités s'appellent nombres complexes.

EXEMPLES : 27j· 6h· 35m· 17s·, 54.....

30° 13' 50", 2. (Le degré, la minute et la seconde de circonférence se marquent respectivement : °, ', ".)

Cela posé, soit à additionner : 34° 29' 53",45 -+- 17° 36' 28",19.

On disposera l'opération comme ci-contre. Chaque fois que la somme des dizaines de secondes ou de minutes dépasse 6, on retranche 6 de cette somme autant qu'il y est contenu, on écrit le reste et on retient le quotient pour l'ajouter aux

34° 29' 53", 45
17° 36' 28", 19
—————————————
52° 06' 21", 64

unités suivantes. Cela vient de ce que 6 dizaines de secondes ou 60 secondes valent 1 minute, et 6 dizaines de minutes ou 60 minutes valent 1 degré.

Soit à soustraire 18° 59' 52",25 de 42° 24' 31",44.

Quand un chiffre de dizaines de secondes ou de minutes est inférieur au chiffre correspondant, on l'augmente de 6 et on retient une unité pour l'ajouter au

42° 24' 31",44
18° 59' 52" 25
—————————————
23° 24' 39",19

chiffre suivant du nombre inférieur.

Soit encore la soustraction 88° — 35° 28' 17",3.

On fera la soustraction ci-contre.

87° 59' 60"
35° 28' 17",3
—————————————
52° 31' 42",7

Soit à faire le produit M)· 7h 32m· 22s· par 4.

7

11j. 7h. 32m. 22s.
4
———
45j. 6h. 09m. 28s.

Quand le produit d'un chiffre de dizaines par le multiplicateur dépasse 6, on en retranche 6 autant de fois qu'il y est contenu; on écrit le reste et on retient autant d'unités que 6 était contenu de fois.

Soit à diviser 78° 19' 36",9 par 8.

78°   19'   36",9 | 8
6° | 9° 47' 27",1
———
360..379'
59'
3'
———
180..216"
56"
0,9
0,1 reste.

Chaque fois qu'on arrive à un reste, on le convertit par une multiplication en unités de l'espèce immédiatement inférieure, on ajoute au résultat les unités de cette espèce qui sont dans le dividende, et l'on continue la division.

ANCIENNES MESURES DE FRANCE.	VALEUR DES ANCIENNES MESURES EN NOUVELLES MESURES.
MESURES DE LONGUEUR.	
La toise = (6 pieds)	1m,949036
Le pied = (12 pouces)	0m,324839
Le pouce = (12 lignes)	0m,027070
La ligne = 12 (points)	0m,002256
L'aune = (3 pieds)	»
(7 pouces)	»
(10 lignes)	»
(10 points)	»
La perche = (18 pieds à Paris)	»
(22 pieds pour les forêts)	»
La lieue terrestre = (2280T,33) 1/25 de degré.	4444m,44
La lieue marine = (2850T,4) 1/20 de degré.	5556m.
La lieue de poste = (2000T.)	3898m.
Le mille marin (1/3 de la lieue marine)	1852m.
Le nœud (1/120 du mille marin)	15m,433.
La nouvelle encablure	200m.
L'encablure = (100T. { Encore employées par les marins.	194m,904.
La brasse = (5 pieds)	1m,624.

MESURES DE SUPERFICIE.

La toise carrée = (36 pieds carrés)...............	3^{mq},7987.
Le pied carré = (144 pouces carrés)...............	0^{mq},1055.
Le pouce carré = (144 lignes carrées)............	7^{cmq},3278.
La ligue carrée.............................	5^{mmq},089.
L'arpent = (100 perches carrées).................	»
Id. de Paris=900 $^{T.q.}$=32400 pieds carrés	3418^{mq},87.
Id. des eaux et forêts = 1344 $^{T.q.}$ 44 = 48400 pieds carrés	5107^{mq},20.
La perche (variant selon les localités)............	»
Id.' de Paris=9$^{T.q.}$00 = 324 pieds carrés	34^{mq},19.
Id. des eaux et forêts = 13$^{T.q.}$44 = 484 pieds carrés	51^{mq},07.
Les quartiers (d'arpent)........................	»
Les boisselées (12èmes d'arpent)..................	»
Et en général les carrés construits sur les unités de longueur...............................	»

MESURES DE VOLUME.

La toise cube = (216 pieds cube).................	7^{mc},4039.
Le pied cube = (1728 pouces cubes)	0,^{mc},03428.
Le pouce cube = (1728 lignes cubes).............	19^{cmc},836.
La ligne cube.................................	11^{mmc},48.
Et en général les cubes construits sur les unités de longueur...............................	»

Pour bois de chauffage :

La corde { (8 pieds de couche). (4 pieds de haut) .... (de 2 pieds à 4 1/2 de longr du bois)	4st,3875 (bois de 4 pieds)
La longueur du bois fixée à 3 pieds 1/2 pour la corde des eaux et forêts......................	3st,8390.
La voie = 1/2 corde	»

Pour bois de charpente :

La solive {12 pieds de longueur...}{6 pouces d'équarrissage} = 3 p^{ds} cubes	»

MESURES DE CAPACITÉ.

La pinte de Paris = (2 chopines)	0^l,931318.
La volte = (8 pintes)..........................	»
Le muid de Bourgogne { 36 voltes ou 288 pintes, ou 2 feuillettes, ou 4 quartauts.	»
Le boisseau de Paris = (16 litrons).............	13^l,008697.
Le setier = (12 boisseaux)......................	»
Le muid = (12 setiers).........................	»

MESURES DE POIDS.

La livre = (2 marcs).............................. | 0^{Kg},48951.
Le marc = (8 onces)............................... | »
L'once = (8 gros)................................. | 30^{g},59.
Le gros = (3 deniers ou 72 grains).............. | 3^{g},824.
Le grain... | 0^{g},053.
Le quintal = (100 livres)........................ | »

MONNAIES.

La livre tournois = (20 sous) .... | 80/81^{f} = 0^{f}987651.
Le sou = (4 liards).............................. | »
Le liard = (3 deniers)........................... | »

Pour convertir plus commodément les anciennes mesures en nouvelles mesures, on fait usage de tables de conversion. Ces tables renferment les valeurs de 1, 2, 3..... 9 unités anciennes en mesures métriques. Il est facile, avec le tableau ci-dessus, de dresser des tables pour la conversion de chaque espèce de mesure. Nous allons, comme exemple, donner une table pour la conversion des toises, pieds, pouces, lignes en mètres, et fractions décimales du mètre.

TABLE pour la réduction des toises, pieds, pouces, lignes en mètres et fractions décimales du mètre.

Toises	Mètres	Pieds	Mètres	Pouces	Mètres	Lignes	Millimètres
1	1,94904	1	0,32484	1	0,02707	1	2,256
2	3,89807	2	0,64968	2	0,05414	2	4,512
3	5,84711	3	0,97452	3	0,08121	3	6,767
4	7,79615	4	1,29936	4	0,10828	4	9,023
5	9,74518	5	1,62420	5	0,13535	5	11,279
6	11,69422	6	1,94904	6	0,16242	6	13,535
7	13,64326	7	2,27388	7	0,18949	7	15,791
8	15,59229	8	2,59872	8	0,21656	8	18,047
9	17,54133	9	2,92355	9	0,24363	9	20,302

USAGE DE CETTE TABLE : Avec cette table on n'a plus qu'à faire de simples additions pour convertir en mesures métriques une longueur exprimée en toises, pieds, pouces et lignes.

EXEMPLE : Soit 3645$^{t\cdot}$ 7$^{pi\cdot}$ 9$^{po\cdot}$ 8$^{li\cdot}$

Le tableau nous donne, en avançant convenablement la virgule :

3000$^{t\cdot}$	5847,11
600$^{t\cdot}$	1169,422
40$^{t\cdot}$	77,9645
5$^{t\cdot}$	9,74548
7$^{pi\cdot}$	2,27388
9$^{po\cdot}$	0,24363
8$^{li\cdot}$	0,018047
3645$^{t\cdot}$7$^{pr\cdot}$9$^{po\cdot}$8$^{li\cdot}$	7106^{m},774237

CHAPITRE VII.

RAPPORTS, PROPORTIONS, GRANDEURS PROPORTIONNELLES.

§ 1. Rapports.

106. — On appelle *rapport* d'une première quantité à une seconde de même espèce, *le nombre qui exprimerait la mesure de la première si l'on prenait la seconde pour unité.*

EXEMPLE : La seconde est *un* mètre, la première 4 mètres ; la première mesurée avec la seconde est exprimée par le nombre 4 ; donc 4 est le rapport de la première grandeur à la seconde. Si la première renferme 3^{m},2, le rapport est 3,2 ; si la première 0^{m},5, le rapport est 0,5.

Si l'on mesure deux grandeurs de même espèce avec la même unité, leur rapport s'obtient en divisant l'un par l'autre les résultats qui expriment ces mesures.

EXEMPLE : La *première* vaut 2 mètres, la *seconde* vaut 3 mètres : le rapport est $\frac{2}{3}$. En effet, le mètre est le tiers de la seconde ; la *première* vaut deux mètres : elle vaut donc $\frac{2}{3}$ de la *seconde*, soit, en prenant la *seconde* pour unité, simplement $\frac{2}{3}$. c. q. f. d.

AUTRE EXEMPLE : la *première* est $\frac{7}{8}$ de mètre, la *seconde* $\frac{30}{31}$ de mètre : le rapport est $\frac{7}{8} : \frac{30}{31} = \frac{7 \times 31}{8 \times 30} = \frac{217}{240}$. En effet, dire que la seconde est $\frac{30}{31}$ du mètre, c'est dire que le mètre est les $\frac{31}{30}$ de la seconde (car si la *seconde* vaut 30 des 31 parties qui font le mètre, le mètre vaudra ainsi 31 des 30 parties qui font la *seconde* quantité). La *première* étant $\frac{7}{8}$ du mètre, est donc $\frac{7}{8}$ des $\frac{31}{30}$ de la *seconde*, ou $\frac{7}{8} \times \frac{31}{30}$, soit $\frac{217}{240}$ de la seconde, ou bien simplement $\frac{217}{240}$, en prenant la *seconde* pour unité. c. q. f. d.

Par analogie, le *rapport d'un premier nombre à un second nombre, sera le quotient de la division du premier par le second.*

EXEMPLE : Le rapport de 12 à 4 est $\frac{12}{4}$.

Les deux nombres peuvent être entiers ou fractionnaires, ils peuvent même être *incommensurables*.

(On appelle *nombre incommensurable*, celui qui mesure une grandeur incommensurable, avec une approximation aussi grande que l'on veut. D'ailleurs une quantité est dite incommensurable, quand il n'y a pas de commune mesure entre elle et l'unité, c'est-à-dire, quand il n'existe pas de grandeur, si petite qu'elle soit, qui puisse être contenue exactement dans la quantité et dans l'unité. Exemple : $\sqrt{2}$; $\sqrt[3]{17}$, etc.)

Pour indiquer que deux nombres forment un rapport, on les sépare par le signe de la division :

$$\text{EXEMPLE :} \quad \frac{18}{6}, \qquad \frac{2\frac{1}{3}}{7-\frac{5}{6}}, \qquad \frac{\sqrt[3]{22}}{\sqrt{8}}$$

Les deux nombres qui composent un rapport s'appellent termes. Le premier terme s'appelle *antécédent* ou *numérateur*, et le second, *conséquent* ou *dénominateur*.

Dans le rapport $\frac{12}{4}$, l'antécédent est 12 et le conséquent 4.

Si deux rapports sont tels que l'antécédent de l'un soit le conséquent de l'autre, et que le conséquent du premier soit l'antécédent du second, le second rapport est dit *l'inverse* du premier. Ainsi $\frac{4}{12}$ est l'inverse de $\frac{12}{4}$.

Comme une fraction exprime le quotient de son numérateur divisé par son dénominateur (36-2°), on pourrait croire que toutes les propriétés démontrées pour les fractions, sont par le fait démontrées pour les rapports. Mais dans une fraction, chaque terme est par définition, un nombre entier ; tandis que dans un rapport, un terme peut être un nombre fractionnaire ou même un nombre incommensurable. Il convient donc d'établir directement que ces mêmes propriétés conviennent aux rapports.

TH. *On peut multiplier ou diviser les deux termes d'un rapport par un même nombre, sans changer la valeur du rapport.*

Soit le rapport $\dfrac{(2\frac{5}{7})}{(3-\frac{1}{4})}$ et soit $(\frac{70}{77})$ la valeur de ce rapport,

ou bien : $\dfrac{(2\frac{5}{7})}{(3-\frac{1}{4})} = (\frac{70}{77})$. De là nous tirons :

$(2\frac{5}{7}) = (\frac{70}{77}) \times (3-\frac{1}{4})$. Multiplions par un même nombre $(\frac{8}{9})$, chacun des membres de cette dernière égalité, il vient :

$$(2\tfrac{5}{7}) \times (\tfrac{8}{9}) = (\tfrac{70}{77}) \times (3-\tfrac{1}{4}) \times (\tfrac{8}{9}).$$

Si on regarde $(3-\frac{1}{4}) \times (\frac{8}{9})$ comme un facteur, ce qui revient à supposer le produit effectué, et si l'on divise par ce facteur chaque membre de la dernière égalité, il vient :

$$\frac{(2\frac{5}{7}) \times (\frac{8}{9})}{(3-\frac{1}{4}) \times (\frac{8}{9})} = (\tfrac{70}{77}).$$ Ce qui fait bien voir que le rapport n'a pas changé de valeur pour avoir eu ses deux termes multipliés par la fraction $\frac{8}{9}$.

Et : $$\frac{(2\frac{5}{7})}{(3-\frac{1}{4})} = \frac{(2\frac{5}{7}) \times (\frac{8}{9})}{(3-\frac{1}{4}) \times (\frac{8}{9})}$$ c. q. f. d.

Par conséquent, *1° On peut simplifier les rapports comme on simplifie les fractions, en divisant les deux termes par un même nombre.*

2° On peut réduire plusieurs rapports au même dénominateur, en suivant la marche indiquée pour les fractions.

Opérations sur les rapports.

ADDITION ET SOUSTRACTION DES RAPPORTS.

On réduit les rapports au même dénominateur ; ensuite on ajoute ou l'on retranche les numérateurs, puis l'on divise le résultat ainsi obtenu par le dénominateur commun.

Soit l'addition : $\dfrac{\frac{5}{7}}{0,25} + \dfrac{0,8}{\frac{2}{3}}$ ou $\dfrac{500}{175} + \dfrac{24}{20}$ la somme $\dfrac{\frac{5}{7}}{0,25}$

$+ \dfrac{0,8}{\frac{2}{3}}$ devient, après réduction au même dénominateur, $\dfrac{\frac{5}{7} \times \frac{2}{3}}{0,25 \times \frac{2}{3}}$

$$+ \frac{0,8 \times 0,25}{0,25 \times \frac{2}{3}} = \frac{\frac{5}{7} \times \frac{2}{3}}{\frac{0,25 \times 2}{3}} + \frac{0,8 \times 0,25}{\frac{0,25 \times 2}{3}} = \frac{\frac{5}{7} \times \frac{2}{3} \times 3}{0,50}$$

$$+ \frac{0,8 \times 0,25 \times 3}{0,50}$$ somme évidemment égale à

$$\frac{\frac{5}{7} \times \frac{2}{3} \times 3 + 0,8 \times 0,25 \times 3}{0,50}$$

Car diviser deux nombres par $0,50 = \frac{50}{100}$, ce qui revient à les multiplier par $\frac{100}{50}$ ou à en prendre les $\frac{100}{50}$, puis ajouter les $\frac{100}{50}$ de l'un aux $\frac{100}{50}$ de l'autre, revient évidemment à prendre les $\frac{100}{50}$ de la somme de ces deux nombres.

MULTIPLICATION DES RAPPORTS.

On fait le produit des numérateurs et celui des dénominateurs, puis on divise le premier produit par le second.

$$\text{Soient : } \frac{(2\tfrac{5}{7})}{(3 - \tfrac{1}{4})} = (\tfrac{70}{77}) \text{ et } \frac{(6\tfrac{1}{4})}{(\tfrac{2}{9})} = (\tfrac{225}{8}).$$

Il vient : $(2\tfrac{5}{7}) = (3 - \tfrac{1}{4}) \times (\tfrac{70}{77})$ et $(6\tfrac{1}{4}) = (\tfrac{2}{9}) \times (\tfrac{225}{8})$,

d'où, en multipliant les deux dernières égalités membre à membre :

$$(2\tfrac{5}{7}) \times (6\tfrac{1}{4}) = (3 - \tfrac{1}{4}) \times (\tfrac{2}{9}) \times (\tfrac{70}{77}) \times \tfrac{225}{8})$$

Et, par suite :

$$\frac{(2\tfrac{5}{7}) \times (6\tfrac{1}{4})}{(3 - \tfrac{1}{3}) \times (\tfrac{2}{9})} = (\tfrac{76}{77}) \times (\tfrac{225}{8}) = \frac{(2\tfrac{5}{7})}{(3 - \tfrac{1}{4})} \times \frac{(6\tfrac{1}{4})}{(\tfrac{2}{9})} \text{ c. q. f. d.}$$

DIVISION DES RAPPORTS.

On multiplie le rapport dividende par le rapport diviseur renversé.

En effet, si on multiplie le résultat obtenu ainsi par le diviseur, on reproduira nécessairement le dividende.

§ 2. Proportions.

107. — *Une proportion est l'expression de l'égalité de deux rapports.*

Soient $\frac{12}{4}$ et $\frac{18}{6}$, deux rapports égaux ; leur réunion forme une proportion qui s'écrit $12:4::18:6$, ou plus communément $\frac{12}{4} = \frac{18}{6}$. Dans tous les cas le premier et le dernier terme sont les extrêmes, le second et le troisième les moyens.

On appelle quatrième proportionnelle à trois nombres énoncés dans un certain ordre un quatrième nombre qui sert de dernier terme à une proportion dont les trois premiers termes sont les trois nombres énoncés dans ce même ordre.

Ainsi, 6 est une quatrième proportionnelle aux nombres 12, 4 et 18, à cause de la proportion ci-dessus.

On appelle proportion continue une proportion dans laquelle les deux moyens sont égaux : $\frac{12}{6} = \frac{6}{4}$ est une proportion continue.

Dans une pareille proportion le nombre qui sert de moyen terme s'appelle *moyenne proportionnelle entre les extrêmes ;* 6 est donc une moyenne proportionnelle entre 12 et 3.

Le dernier terme d'une proportion continue est une troisième proportionnelle aux nombres qui forment les autres termes.

PROPRIÉTÉS FONDAMENTALES DES PROPORTIONS.

108. — *Dans toute proportion, le produit des extrêmes est égal au produit des moyens.*

Soit une proportion que nous écrirons : $\frac{12}{4} = \frac{18}{6}$. Je dis qu'elle donnera $12 \times 6 = 18 \times 4$.

En effet, réduisons les deux rapports au même dénominateur, nous aurons $\frac{12 \times 6}{4 \times 4} = \frac{18 \times 4}{4 \times 6}$, mais ces deux fractions étant égales et ayant même dénominateur, il s'ensuit que les numérateurs sont égaux et l'on a $12 \times 6 = 18 \times 4$, c. q. f. d.

Conséquences. *Si un des termes d'une proportion est inconnu, il sera facile de le trouver à l'aide des trois autres.*

Soit la proportion $\frac{12}{4} = \frac{18}{x}$, où un extrême est inconnu, on aura $12 \times x = 18 \times 4$; d'où $x = \frac{18 \times 4}{12}$; *l'extrême inconnu est donc égal au produit des moyens divisé par l'extrême connu.* On verrait de même *qu'un moyen inconnu est égal au produit des extrêmes divisé par le moyen connu.*

Il suit encore de ce principe que *dans une proportion continue le carré du moyen terme est égal au produit des extrêmes,* et, par conséquent, *le moyen terme est égal à la racine carrée du produit des extrêmes.*

Soit la proportion $\frac{12}{x} = \frac{x}{3}$, elle donnera $x^2 = 12 \times 3$, d'où $x = \sqrt{12 \times 3}$.

109. — *Si deux rapports ne sont pas égaux, et, par conséquent, ne forment pas une proportion, en assemblant ces rapports le produit des moyens n'est pas égal au produit des extrêmes.*

Soient $\frac{17}{9}$ et $\frac{15}{7}$, deux rapports inégaux, ce qui peut s'exprimer ainsi $\frac{17}{9} \gtrless \frac{15}{7}$ (le signe $\gtrless$ se lit : *plus grand ou plus petit*); je dis que le produit des moyens n'égale pas celui des extrêmes. En effet, réduisons au même dénominateur, nous aurons $\frac{17 \times 7}{9 \times 7} \gtrless \frac{15 \times 9}{9 \times 7}$; mais lorsque les dénominateurs sont les mêmes, il est clair que les fractions ne sont inégales que parce que les numérateurs sont inégaux. On a donc $17 \times 7 \gtrless 15 \times 9$, c. q. f. d.

Il suit des deux principes précédents que *deux rapports sont égaux, et que leur assemblage formera une proportion toutes les fois que le numérateur du premier multiplié par le dénominateur du second donnera un produit égal à celui du dénominateur du premier multiplié par le numérateur du second.*

110. — Cette remarque servira à établir qu'une proportion étant donnée on *pourra changer les extrêmes de place, changer les moyens de place, changer les moyens avec les extrêmes sans cesser d'avoir proportion.*

Soit la proportion $\frac{12}{4} = \frac{18}{6}$; elle donnera $\frac{6}{4} = \frac{18}{12}$; $\frac{12}{18} = \frac{4}{6}$; $\frac{4}{12} = \frac{6}{18}$. En effet, la proportion primitive donnait $12 \times 6 = 18 \times 4$; or, dans toutes les autres on a ces mêmes produits soit pour les extrêmes, soit pour les moyens; les proportions sont donc véritables puisqu'elles donnent toujours le produit des extrêmes égal à celui des moyens.

111. — *Dans toute proportion on peut ajouter chaque numérateur au dénominateur, ou bien l'en retrancher sans cesser d'avoir proportion.*

Soit la proportion $\frac{12}{4} = \frac{18}{6}$. On peut ajouter 1 à chaque membre de cette égalité sans la détruire, ce qui donnera $\frac{12}{4} + 1 = \frac{18}{6} + 1$. Réduisons dans le premier membre l'unité en $\frac{4}{4}$, et réduisons-la dans le second en $\frac{6}{6}$ nous aurons : $\frac{12}{4} + \frac{4}{4} = \frac{18}{6} + \frac{6}{6}$ et en additionnant, $\frac{12+4}{4} = \frac{18+6}{6}$.

En changeant le signe $+$ en signe $-$ on arriverait de même à $\frac{12+4}{4} = \frac{18+6}{6}$, c. q. f. d.

112. — *Dans toute proportion on peut ajouter chaque numérateur au dénominateur, ou bien l'en retrancher sans cesser d'avoir proportion.*

Soit encore la proportion $\frac{12}{4} = \frac{18}{6}$; changeant les moyens avec les extrêmes il viendra $\frac{4}{12} = \frac{6}{18}$. Ajoutons, dans cette dernière proportion, chaque dénominateur au numérateur nous aurons : $\frac{4+12}{12} = \frac{6+18}{18}$; enfin, changeant de nouveau les moyens avec les extrêmes, nous aurons $\frac{12}{4+12} = \frac{18}{6+18}$. Il n'y aurait qu'à changer le signe $+$ en signe $-$, dans le raisonnement, pour faire voir que l'on peut retrancher chaque numérateur de son dénominateur sans cesser d'avoir proportion.

Soient les deux proportions $\dfrac{12+4}{4} = \dfrac{18+6}{6}$ et $\dfrac{12-4}{4}$ $= \dfrac{18-6}{6}$ provenant de la proportion $\dfrac{12}{4} = \dfrac{18}{6}$. Divisons-les membre à membre, nous aurons: $\dfrac{(12+4) \times 4}{4 \times (12-4)} = \dfrac{(18+6) \times 6}{6 \times (18-6)}$

et, en simplifiant, $\dfrac{12+4}{12-4} = \dfrac{18+6}{18-6}$; d'où on peut tirer encore $\dfrac{12+4}{18+6} = \dfrac{12-4}{18-6}$.

113. — *Dans une suite de rapports égaux la somme des numérateurs forme avec la somme des dénominateurs un rapport égal à l'un quelconque des rapports donnés.*

Soit la série des rapports égaux $\dfrac{12}{4} = \dfrac{18}{6} = \dfrac{30}{10} = \dfrac{21}{7}$.

Soit encore 3 la valeur commune de tous ces rapports; on pourrait donc écrire $\dfrac{12}{4} = 3; \dfrac{18}{6} = 3; \dfrac{30}{10} = 3; \dfrac{21}{7} = 3$ et, par suite : $12 = 3 \times 4$; $18 = 3 + 6$; $30 = 3 \times 10$; $31 = 3 \times 7$. Ajoutons toutes ces égalités membre à membre, la somme des premiers nombres sera égale à celle des seconds, et l'on aura $12 + 18 + 30 + 21 = 3 \times 4 + 3 \times 6 + 3 \times 10 + 3 \times 7$; mettons 3 en facteur commun dans le second membre, nous aurons : $12 + 18 + 30 + 21 = 3 \times (4+6+10+7)$ et si on divise chaque membre de l'égalité par le facteur qui est entre parenthèse, on aura $\dfrac{12+18+30+21}{4+6+10+7} = 3$; mais comme 3 représente la valeur de chacun des rapports donnés, on peut écrire aussi bien $\dfrac{12+18+30+21}{4+6+10+7} = \dfrac{12}{4} = \dfrac{18}{6}$ etc., c. q. f. d.

114. — *Lorsque quatre nombres forment une proportion, une puissance quelconque de ces nombres forme aussi une proportion.*

Ainsi la proportion $\dfrac{12}{4} = \dfrac{18}{6}$ donnera $\dfrac{12^2}{4^2} = \dfrac{18^2}{6^2}$.

En effet, pour obtenir le carré de chaque rapport, il n'y a qu'à le multiplier par lui-même. Ainsi le premier nombre de l'égalité est multiplié par $\dfrac{12}{4}$ et le second par $\dfrac{18}{6}$; mais comme ces rapports sont égaux, d'après l'hypothèse, cela revient à multiplier par un même nombre les deux membres de l'égalité, ce qui ne détruit pas cette égalité.

On démontrerait de même que $\dfrac{12^3}{4^3} = \dfrac{18^3}{6^3}$, etc.

Réciproquement si quatre nombres sont en proportion, leurs ra-

cines carrées, leurs racines cubiques et généralement les racines d'un indice quelconque de ces quatre nombres seront en proportion.

Ainsi la proportion $\dfrac{12}{4} = \dfrac{18}{6}$ nous donnera $\dfrac{\sqrt{12}}{\sqrt{4}} = \dfrac{\sqrt{18}}{\sqrt{6}}$

En effet, si nous élevions au carré chacun des termes de cette proportion supposée, ce que nous avons le droit de faire, d'après ce qui précède, il viendrait $\dfrac{12}{4} = \dfrac{18}{6}$, égalité vraie, par hypo-thèse, et cela prouve que l'égalité $\dfrac{\sqrt{12}}{\sqrt{4}} = \dfrac{\sqrt{18}}{\sqrt{6}}$ est également vraie.

On raisonnerait de la même manière pour une racine d'un indice quelconque.

§ 3. **Partage proportionnel.**

115. — *Partager un nombre en parties proportionnelles à des nombres donnés, c'est le partager en parties qui fassent, avec les nombres proposés, des rapports égaux.*

Soit, par exemple, 180 à partager proportionnellement aux nombres 2, 3 et 5.

Si l'on désigne les parties demandées par x, y et z, ces parties devront, d'après la définition, être telles que l'on ait : $\dfrac{x}{2} = \dfrac{y}{3} = \dfrac{z}{5}$; mais on sait que dans une suite de rapports égaux la somme des numérateurs et celle des dénominateurs forment un rapport égal à chacun des rapports proposés ; de là on a successivement : $\dfrac{x+y+z}{2+3+5} = \dfrac{x}{2}$; $\dfrac{x+y+z}{2+3+5} = \dfrac{y}{3}$; $\dfrac{x+y+z}{2+3+5} = \dfrac{z}{5}$. Mais la somme des trois parties cherchées est égale évidemment au nombre à partager, c'est-à-dire, à 180 ; les trois égalités précédentes donneront donc, en effectuant l'addition aussi indiquée au dénominateur commun $(2+3+5)$:

$$\frac{180}{10} = \frac{x}{2} \; ; \; \frac{180}{10} = \frac{y}{3} \; ; \; \frac{180}{10} = \frac{z}{5} \; ; \quad \text{d'où on tire}$$

$$x = \frac{180 \times 2}{10} \; ; \; y = \frac{180 \times 3}{10} \; ; \; z = \frac{180 \times 5}{10}$$

Cela fait voir qu'il faut multiplier le nombre à partager succes-sivement par chacun des nombres proposés, et diviser chaque pro-duit obtenu par la somme de ces mêmes nombres.

Soit un nombre 534 à partager proportionnellement à 5, $3\frac{7}{9}$, $8\frac{2}{3}$, 11.

Réduisons les nombres fractionnaires en expressions fraction-naires et, pour plus d'uniformité, mettons les entiers sous la forme de fractions en leur donnant 1 pour dénominateur; les quatre nombres proposés seront alors $\frac{5}{1}$　$\frac{34}{9}$　$\frac{26}{3}$　$\frac{11}{1}$. Rédui-sons au même dénominateur en adoptant 9 pour dénominateur commun, nous aurons $\frac{45}{9}$　$\frac{34}{9}$　$\frac{78}{9}$　$\frac{99}{9}$. Or, ces quatre nombres fractionnaires, ayant le même dénominateur, sont entre eux comme leurs numérateurs. La question revient donc à parta-ger 534 proportionnellement aux nombres 45, 34, 78, 99 et l'on rentre dans le cas précédent.

Soit encore proposé de partager 1800 en quatre parties qui soient en raison inverse des nombres 2, 3, 5, 6. Ces quatre nombres expriment les rapports $\frac{2}{1}$, $\frac{3}{1}$, $\frac{5}{1}$, $\frac{6}{1}$; les rapports inverses sont $\frac{1}{2}$, $\frac{1}{3}$, $\frac{1}{5}$, $\frac{1}{6}$. On demande donc de partager 1800 proportion-nellement aux nombres $\frac{1}{2}$, $\frac{1}{3}$, $\frac{1}{5}$, $\frac{1}{6}$, ou aux nombres $\frac{15}{30}$, $\frac{10}{30}$, $\frac{6}{30}$, $\frac{5}{30}$, soit proportionnellement aux nombres 15, 10, 6, 5, ce qui donnera

$$1^{\text{re}} \text{ partie} = \frac{1800 \times 15}{36} = 750$$

$$2^{\text{me}} \text{ partie} = \frac{1800 \times 10}{36} = 500$$

$$3^{\text{me}} \text{ partie} = \frac{1800 \times 6}{36} = 300$$

$$4^{\text{me}} \text{ partie} = \frac{1800 \times 5}{36} = 250$$

La somme des quatre parties. $= 1800$, ce qui prouve l'exacti-tude des opérations.

On veut partager 300 francs entre quatre personnes, de ma-nière que les parts soient en raison inverse des nombres 1, $\frac{5}{3}$, $\frac{15}{14}$, $\frac{3}{2}$. Les rapports inverses des quatre nombres proposés sont 1, $\frac{3}{5}$, $\frac{14}{15}$, $\frac{2}{3}$. Il faut donc partager 300 proportionnellement aux nombres 1, $\frac{3}{5}$, $\frac{14}{15}$, $\frac{2}{3}$ ou $\frac{15}{15}$, $\frac{9}{15}$, $\frac{14}{15}$, $\frac{10}{15}$, soit proportionnellement à 15, 9, 14, 10, d'où :

$$1^{re} \text{ part} = \frac{300 \times 15}{48} = 93,75$$

$$2^{me} \text{ part} = \frac{300 \times 9}{48} = 56,25$$

$$3^{mo} \text{ part} = \frac{300 \times 14}{48} = 87,50$$

$$4^{mo} \text{ part} = \frac{300 \times 10}{48} = 62,50$$

La somme des quatre parts..., $= 300$, ce qui prouve l'exactitude des opérations.

On peut encore traiter cette question de la manière suivante :

Le rapport direct du deuxième nombre au premier étant $\frac{5}{3} : 1$,
le rapport inverse du deuxième nombre au premier sera :
$1 : \frac{5}{3} = \frac{3}{5}$ et, si le premier est pris pour unité, le second sera
$\frac{3}{5}$ du premier ou simplement $\frac{3}{5}$.

Le rapport du 3e au 2e étant $\frac{15}{14} : \frac{5}{3}$, le rapport inverse sera :
$$\frac{5}{3} : \frac{15}{14} = \frac{5 \times 14}{3 \times 15} = \frac{14}{9}$$

Et si le deuxième est pris pour unité, le troisième sera :
$\frac{14}{9}$ du deuxième ou $\frac{14}{9}$ de $\frac{3}{5}$ soit $\frac{14}{15}$

Enfin le rapport direct du quatrième au troisième étant
$$\frac{3}{2} : \frac{15}{14}$$

Le rapport inverse du quatrième au troisième sera $\frac{15}{14} : \frac{3}{2}$
$$= \frac{15 \times 2}{14 \times 3} = \frac{5}{7}$$

Et si le troisième est pris pour unité, le quatrième sera :
$\frac{5}{7}$ du troisième ou $\frac{5}{7}$ de $\frac{14}{15}$ soit $\frac{2}{3}$

En résumé, les quatre nombres seront : 1, $\frac{3}{5}$ $\frac{14}{15}$ $\frac{2}{3}$

et les quatre parts seront dans le rapport de ces mêmes nombres,
soit dans le rapport des nombres 15, 9, 14 et 10. La somme de

ces nombres étant égale à 48, si on avait à partager 48 même, les parties seraient évidemment 15, 9, 14 et 10 ; et, si au lieu de 48, on avait à partager 1, chaque partie devant être 48 fois plus petite, on aurait $\dfrac{15}{48}$ $\dfrac{9}{48}$ $\dfrac{14}{48}$ $\dfrac{10}{48}$ mais comme on a à partager 300, chaque partie sera 300 fois plus grande, soit

$$\frac{15 \times 300}{48} = 93,75; \quad \frac{9 \times 300}{48} = 56,25; \quad \frac{14 \times 300}{48} = 87,50;$$

$$\frac{10 \times 300}{48} = 62,50.$$

Règle de trois.

116. — *On donne le nom de règle de trois simple à la solution des questions dans lesquelles on a à déterminer, à l'aide de trois nombres connus, un quatrième nombre inconnu.*

Dans ces sortes de questions deux nombres doivent être d'une certaine espèce, c'est-à-dire, se rapporter à la même espèce de quantité, et les deux autres doivent être d'une autre espèce, c'est-à-dire, se rapporter tous les deux à une seconde espèce de quantité.

Il faut encore que les deux quantités dont il s'agit soient proportionnelles, c'est-à-dire, que si deux nombres de la première espèce sont dans un certain rapport, les deux nombres de la seconde, qui correspondent respectivement à ceux de la première, soient dans le même rapport.

Les quantités sont dites *directement proportionnelles*, si les nombres de la première espèce allant en augmentant, leurs correspondants vont aussi en augmentant dans le même rapport; c'est alors une règle de trois *directe*.

Les quantités sont *inversement proportionnelles*, si les nombres de la première espèce, augmentant dans un certain rapport, ceux de la seconde diminuent au contraire, en sorte qu'il faille prendre le rapport inverse de ces nombres, pour obtenir un rapport égal à celui de leurs correspondants. La règle de trois est alors *inverse*.

On peut résoudre les règles de trois par les proportions, ou par la méthode dite de *réduction à l'unité*.

Nous développerons successivement chacune des deux méthodes.

1° **Règle de trois simple par les proportions.**

149. — *15 ouvriers ont fait* 300 *mètres d'ouvrage, combien* 15 *ouvriers de la même force en feront-ils dans le même temps ?*

On commencera par écrire les données de la question sur deux lignes horizontales, en plaçant les nombres correspondants sur une même ligne (celui qui est inconnu sera représenté par la lettre x et s'écrira le second sur la seconde ligne). Cela fait, afin d'essayer si les quantités dont il s'agit sont directement ou inversement proportionnelles, on dira : Si 35 ouvriers étaient le double ou le triple de 15 ouvriers, le nombre x de mètres serait évidemment le double ou le triple de 300 ; la règle de trois est donc directe et l'on a la proportion

$$\frac{15}{35} = \frac{300}{x}, \text{ qui donne} : x = \frac{300 \times 35}{15} = 300 \times \frac{35}{15} = 700 \text{ mètres.}$$

15°........300
35°........ x

AUTRE EXEMPLE. *15 ouvriers ont mis* 21 *jours pour faire un certain ouvrage ; combien* 35 *ouvriers mettront-ils de jours à faire le même ouvrage ?*

On écrira les données de la question sur deux lignes horizontales, comme on le voit ci-contre. On dira ensuite : Si 35 ouvriers étaient le double ou le triple de 15 ouvriers, au contraire le nombre x de jours qu'ils emploieraient à faire le même ouvrage que ceux-ci ne serait que la moitié ou le tiers de 21. La règle de trois est donc inverse, et l'on a la pro-

15°........21
35°........ x

portion $\dfrac{35}{15} = \dfrac{21}{x}$; d'où $x = \dfrac{15 \times 21}{35} = 21 \times \dfrac{15}{35} = 9$ jours.

Ces deux exemples suffiront pour faire comprendre la règle de trois simple par les proportions.

En appelant le nombre de même espèce que l'inconnue le *nombre donné*, en appelant *premier correspondant* et *deuxième correspondant* ceux qui correspondent respectivement au nombre donné et à l'inconnue, on arrive à cette règle :

Si la règle de trois est directe, multipliez le nombre donné par le rapport direct du second correspondant au premier ; si la règle de trois est inverse, multipliez le nombre donné par le rapport inverse du second correspondant au premier, et vous aurez l'inconnue.

Règle de trois composée par les proportions.

118. — *18 ouvriers, travaillant 10 heures par jour, ont mis 30 jours à creuser un canal de 1000 mètres de long sur 40 de large.*

Combien 27 ouvriers, travaillant 9 heures par jour, mettront-ils de jours à creuser un canal de 1500 mètres de longueur sur 50 mètres de largeur ?

$$18^\circ \ldots 10^h \ldots 1000^{long.} \ldots 40^{larg.} \ldots 30^j.$$
$$27^\circ \ldots 9^h \ldots 1500 \text{ »} \ldots 50 \text{ »} \ldots x$$

On écrira les données de la question sur deux lignes horizontales, de manière à ce que tous les nombres correspondants soient sur une même ligne, en ayant soin d'écrire l'inconnue et le nombre de même espèce les derniers à droite.

Nous résoudrons cette question à l'aide de plusieurs règles de trois simples successives.

1° Faisons abstraction des heures, puis de la longueur et de la largeur du canal, ou, pour mieux dire, supposons qu'à l'égard de ces quantités les seconds ouvriers soient dans les mêmes conditions que les premiers, nous aurons alors à résoudre la règle de trois simple suivante :

$$18 \text{ ouvriers ont mis} \ldots 30$$
$$27 \text{ mettront} \ldots x$$

Nous remarquerons que la règle de trois est inverse.

$$\text{D'où : } x = 30 \times \frac{18}{27}$$

2° Considérons ce résultat comme le nombre donné de la règle de trois simple suivante :

$$27 \text{ ouvriers travaillant 10 heures mettent } 30 \times \frac{18}{27}$$
$$\text{»} \qquad \text{»} \qquad 9 \text{ heures mettront } x$$

La règle de trois est inverse, et nous aurons :

$$x = 30 \times \frac{18}{27} \times \frac{10}{9}$$

3° Considérons ce résultat comme le nombre donné de la règle de trois simple suivante :

27° tr. 9 h. à un canal de 1000^m de l. mettent $30 \times \dfrac{18}{27} \times \dfrac{10}{9}$

»   »   1500^m de larg. mettront x

La règle de trois est directe, et l'on a :

$$x = 30 \times \frac{18}{27} \times \frac{10}{9} \times \frac{1500}{1000}$$

4° Enfin nous finirons par la règle de trois suivante :

27 ouv. trav. 9 h. à un canal de 1500^m de long. 40^m de larg. mettent $30 \times \frac{18}{27} \times \frac{10}{9} \times \frac{1500}{1000}$

»   »   »   »   50^m de larg. mettront x

La règle de trois est directe et l'on a :

$$x = 30 \times \frac{18}{27} \times \frac{10}{9} \times \frac{1500}{1000} \times \frac{50}{40}$$

Voir pour obtenir le résultat immédiatement, la règle suivante (119).

Règle de trois par la méthode de réduction à l'unité.

119. — Les questions qui précèdent se résolvent plus commodément par la méthode de réduction à l'unité.

L'emploi de cette méthode est basé sur ce fait qu'on entrevoit, à première vue, le rapport d'un nombre quelconque à son unité.

Reprenons le problème précédent.

Après avoir disposé comme suit les données de la question sur deux lignes horizontales

18°.....10^h.....1000$^{long.}$.....40$^{larg.}$.....30^j.
27°......9^h.....1500 » .....50 » .....x.

On dira : *(Voir le tableau ci-contre).* ☞

Puisque 18° travaillant 10^h par jour à creuser un canal de 1000^m de longueur, sur 40^m de large, ont mis............. 30 jours,

1° » 10^h » 1000^m » 40^m » mettra............. 30×18

27° » 10^h » 1000^m » 40^m » » .... $\dfrac{30 \times 18}{27}$

27° » 1^h » 1000^m » 40^m » » .... $\dfrac{30 \times 18 \times 10}{27}$

27° » 9^h » 1000^m » 40^m » » .... $\dfrac{30 \times 18 \times 10}{27 \times 9}$

27° » 9^h » 1 » 40^m » » .... $\dfrac{30 \times 18 \times 10}{27 \times 9 \times 1000}$

27° » 9^h » 1500^m » 40^m » » .... $\dfrac{30 \times 18 \times 10 \times 1500}{37 \times 9 \times 1000}$

27° » 9^h » 1500^m » 1 » » .... $\dfrac{30 \times 18 \times 10 \times 1500}{27 \times 9 \times 1000 \times 40}$

27° » 9^h » 1500^m » 50 » » .... $\dfrac{30 \times 18 \times 10 \times 1500 \times 50}{27 \times 9 \times 1000 \times 40}$

Dans la pratique, on se dispense du tableau précédent et après avoir écrit, pour représenter l'inconnue, x suivi du signe =, on tire une barre de division au-dessus de laquelle on place le nombre correspondant à l'inconnue ; puis, faisant absolument les mêmes raisonnements que nous avons faits, mais sans écrire le développement, on arrive à la valeur de x.

$$x = \frac{30 \times 18 \times 10 \times 1500 \times 50}{27 \times 9 \times 1000 \times 40}$$

En examinant les résultats auxquels le raisonnement nous a conduits, on peut encore poser cette règle pratique, pour obtenir immédiatement la valeur de l'inconnue :

On écrira sur une première ligne horizontale tous les nombres correspondants à l'inconnue, dont on laissera la place vide à la fin de la ligne ; sur une seconde ligne horizontale on écrira, au-dessous des nombres de la première, les nombres de même espèce que ceux-ci ; on prendra le rapport de chacun des nombres de la première ligne à chacun de ceux de la seconde ; on multipliera ensuite le nombre qui est de même espèce que l'inconnue par tous ceux de ces rapports qui dépendent de quantités directement proportionnelles et l'on divisera, au contraire, par ceux qui dépendent de quantités inversement proportionnelles ; le résultat obtenu sera la réponse à la question.

L'inspection du tableau ci-dessous suffira pour l'intelligence de cette règle.

$$27^o\ldots\ldots9^h\ldots\ldots1500^{m.long.}\ldots\ldots50^{m.larg.}\ldots\ldots$$
$$18^o\ldots\ldots10^h\ldots\ldots1000\quad »\quad\ldots\ldots40\quad »\quad\ldots\ldots30$$

$$\frac{27}{18}\qquad\frac{9}{10}\qquad\frac{1500}{1000}\qquad\frac{50}{40}$$

$$x = 30 \times \frac{18 \times 10 \times 1500 \times 50}{27 \times 9 \times 1000 \times 40}$$

Règles d'intérêts.

120. — *On appelle intérêt d'une certaine somme le bénéfice que cette somme, placée ou prêtée pendant un certain temps, rapporte à celui qui l'a prêtée.*

La somme prêtée s'appelle capital.

Cette somme rapportera en proportion du temps qu'elle aura été placée ou prêtée.

Elle rapportera aussi en proportion du taux auquel sera fait le prêt ou placement.

On appelle taux l'intérêt convenu de 100 francs pour un an.

On demande *l'intérêt de* 2350 *fr. placés à* 6 % (6 pour cent) *pendant* 4 *ans.*

Établissons les données sur deux lignes horizontales :

$$100^f \ldots 1^a \ldots 6^f$$
$$2350^f \ldots 4^a \ldots x.$$

Puisque 100^f en 1^a rapportent   6

$$1 \quad » \quad 1 \quad \text{rapportera} \quad \frac{6}{100}$$

$$2350 \quad » \quad 1 \quad \text{rapporteront} \quad \frac{6 \times 2350}{100}$$

$$\text{Et } 2350 \quad » \quad 4 \quad \text{rapporteront} \quad \frac{6 \times 2350 \times 4}{100} = 564^f$$

Nous avons obtenu le résultat 564 fr., qui est l'intérêt demandé, en *multipliant entre eux le capital, le taux et le nombre d'années, et en divisant le produit par* 100.

Le raisonnement nous conduirait à en faire autant, quels que fussent le capital, le taux et le temps. Nous venons donc d'indiquer une règle générale.

L'expression : $\dfrac{6 \times 2350 \times 4}{100} = 564$ (1) nous donne évidemment : $6 \times 2350 \times 4 = 564 \times 100.$ (*a.*)

Cette dernière expression contient quatre quantités variables : *taux, capital, temps* et *intérêt.* De même que dans l'expression (1) *l'intérêt* est donné par les trois autres quantités, on a dans les expressions (2), (3) et (4), ci-dessous qui se déduisent de l'égalité (*a*), le *taux*, le *capital*, et le *temps* donnés chacun par les trois autres quantités :

$$6 = \frac{564 \times 100}{2350 \times 4} \quad (2)$$

$$2350 = \frac{564 \times 100}{6 \times 4} \quad (3)$$

$$4 = \frac{564 \times 100}{6 \times 2350} \quad (4)$$

D'où la règle suivante : Multipliez l'*intérêt* par 100, divisez le résultat par le produit obtenu en multipliant le *capital* par le *temps*, et vous aurez le *taux* (2) ; multipliez l'*intérêt* par 100, divisez le résultat par le produit obtenu en multipliant le *taux* par le *temps*, et vous aurez le capital (3) ; multipliez l'*intérêt* par 100, divisez le résultat par le produit obtenu en multipliant le *taux* par le *capital*, et vous aurez le *temps* (4).

D'ailleurs ces expressions s'obtiendraient directement en développant la solution des questions que nous nous bornons à exposer ci-dessous :

$$2350^f \text{ en } 4^a \text{ rapportent } 564^f \left. \atop \right\} (2).$$
$$100 \text{ » } 1 \text{ rapporteront } x$$

$$6^f \text{ en } 1^a \text{ sont rapportés par } 100^f \left. \atop \right\} (3)$$
$$564 \text{ » } 4 \text{ sont rapportés par } x$$

$$100^f \text{ rapportent } 6^f \text{ en } 1^a \left. \atop \right\} (4)$$
$$2350 \text{ » } 564 \text{ » } x$$

Dans toutes ces expressions le temps est compté par années ; s'il était compté par mois, il est clair qu'on aurait des nombres 12 fois plus forts ; par conséquent, le terme de l'expression fractionnaire qui contiendrait ces nombres, serait 12 fois trop fort, et il faudrait multiplier l'autre terme par 12 pour établir la compensation.

Si le temps était compté en jours, le terme de l'expression fractionnaire renfermant ce facteur, deviendrait 360 fois trop fort (l'année commerciale est supposée n'avoir que 360 jours); par conséquent, par compensation, il faudrait multiplier l'autre terme par 360.

On peut remarquer que pour tenir compte de l'observation que nous venons de faire, il n'y aura qu'à remplacer dans les expressions données, le nombre constant 100 par 1200 ou 36000, selon que le temps sera compté en mois ou en jours.

Si le taux était égal à 5 et que l'on eût le temps égal à 1, dans la question précédente, on aurait l'intérêt égal à

$$\frac{5 \times 2350}{100} = 2350 \times \frac{5}{100} = 2350 \times \frac{1}{20} = \frac{2350}{20} = \frac{2350}{2} : 10.$$

Donc pour avoir l'intérêt d'un certain capital à 5 % pour un an, il n'y a qu'à prendre la moitié de ce capital et à diviser le résultat par 10, calculs qui se font aisément de mémoire.

Pour prendre l'intérêt à 1 % pendant un an, la formule donnerait $\dfrac{2350}{100}$; il n'y aurait donc qu'à diviser par 100 le capital.

Pour avoir l'intérêt à $\frac{1}{2}$ % pour un an, on prendrait l'intérêt à 1 %, puis on chercherait la moitié du résultat.

Ces simplifications peuvent s'étendre à un très grand nombre de taux ; ainsi l'intérêt à 6 % pour un an s'obtiendra en ajoutant l'intérêt à 5 % à l'intérêt à 1 %. L'intérêt à $4\frac{1}{2}$ % s'obtiendra en retranchant de l'intérêt à 5 % l'intérêt à $\frac{1}{2}$ %, etc.

Une fois que l'on saura l'intérêt d'une somme donnée, pour un an, on aura l'intérêt, pour un temps quelconque, en multipliant simplement par le nombre qui exprime ce temps.

Escompte commercial ou en dehors.

121. — *Escompter un billet, payable à une certaine époque, c'est faire une retenue sur la valeur nominale de ce billet lorsqu'on le paye avant son échéance,*

Cette retenue est simplement égale à l'intérêt qui aurait été rapporté par la somme inscrite sur le billet pendant le temps à courir jusqu'à son échéance.

Nous n'avons donc rien de particulier à ajouter sur l'escompte.

Une fois, en effet, que cet intérêt est calculé, on le retranche de la valeur nominale du billet, et le reste est la somme escomptée que l'on rend au porteur du billet. Cet escompte n'est pas rationnel. On donne à l'escompte *rationnel* le nom d'*escompte en dedans.*

Escompte en dedans ou escompte rationnel.

122. — Soit 800^f, valeur à escompter pour 4 ans ; on dira :

100 francs rapportant 6 francs dans l'unité de temps, rapporteraient 6×4, dans 4 unités de temps ; donc la somme qui vaut aujourd'hui 100 francs serait 100^f $+ 6 \times 4$ au bout d'un temps représenté par 4. Réciproquement, la somme payable 100^f $+ 6 \times 4$, dans le temps 4, ne doit être payée aujourd'hui que 100 francs.

Donc sur une somme de 100^f + 6 × 4, payable dans le temps 4 on doit faire un escompte de 6 × 4 ; sur un franc on retiendrait alors une somme égale à $\dfrac{6 \times 4}{100 + 6 \times 4}$ et sur une somme de 800 francs on retiendrait 800 fois plus ou $\dfrac{800 \times 6 \times 4}{100 + 6 \times 4}$.

On voit que cette formule diffère de celle de l'intérêt simple, et, par conséquent, de l'escompte en dehors en ce qu'au lieu de diviser le produit du capital par le temps et par le taux seulement par 100, on divise ce produit par 100 augmenté du produit du taux par le temps. Cela donne un escompte moins fort que l'escompte en dehors.

123. — Nous allons proposer quelques questions et les résoudre, afin de guider l'élève dans la solution des questions du même genre.

   1° Quel est l'intérêt de 78615 fr. 25 c. à 4 1/2 p. % par an, pendant 5 ans et 7 mois ?

Dans l'expression n° 120, le capital 2350 fr. doit être remplacé par 78615 fr. 25 ; le taux 6 par 4 1/2 ou 4 fr. 50 ; le nombre d'années 4, par 5 ans et 7 mois, ou 67 mois, d'où l'intérêt égale :

$$\frac{78615{,}25 \times 4{,}50 \times 67}{1200} = \frac{237024{,}97875}{12} = 19752 \text{ fr. } 08 \text{ c.}$$

(On remplace 100 par 1200, parce que le temps est compté en mois).

   2° Quel est le capital qui a rapporté 541 fr. 70 c. en 3 ans, 2 mois et 17 jours, au taux de 5 p. % ?

Dans l'expression n° 120, je remplace l'intérêt 564 fr. par 541 fr. 70 ; le taux 6, par 5 ; le nombre d'années 4, par 437 jours, et 100 par 36000, parce que le temps est compté en jours, d'où le capital égale :

$$\frac{541{,}70 \times 36000}{437 \times 5} = 8925 \text{ fr. } 03.$$

On se rendra compte facilement de l'application des autres expressions.

   3° Quel est le capital, qui, placé à intérêt simple, pendant deux ans et 5 mois, à 6 p. % est devenu, avec l'addition de ses intérêts, 726 fr. 25 ?

Je cherche ce que deviennent 100 fr. dans le même temps, avec l'addition des intérêts pris au taux de 6 p. % par an. Je trouve 114 fr. 50, car l'intérêt de 100 fr. pour ce temps-là est 14 fr. 50 ; puis je développe la règle de trois posée ci-dessous :

114ᶠ 50 proviennent de 100ᶠ augmentés des intérêts pour 2 ans et 5 mois.
726ᶠ 25 » x » » » » » » . »

$$\text{d'où} : x = \frac{100 \times 726,25}{114,50} = 634,27 \text{ environ.}$$

L'escompte commercial étant la retenue qu'on fait sur la valeur inscrite sur un billet, quand on le paie avant l'échéance, se calcule comme l'intérêt de la valeur nominale de ce billet, pour le temps compté du jour où se fait l'escompte inclusivement jusqu'au jour de l'échéance exclusivement.

EXEMPLE : Un commerçant présente à l'escompte le 8 septembre un billet de 320 fr. payable au 31 décembre. Quelle somme recevra-t-il ? Le taux de l'escompte est 6 p. %.

Je suppute le nombre de jours, savoir : 23 jours de Septembre, 31 jours d'Octobre, 30 jours de Novembre, 30 jours de Décembre : soit, 114 jours. Je prends ensuite l'intérêt de 320 fr. pour 114 jours, à 6 %, et j'ai :

$$c = \frac{320 \times 6 \times 114}{36000} = 6 \text{ fr. } 08. \text{ Le commerçant recevra } 320 \text{ fr.}$$

— 6 fr. 08, ou 313 fr. 92.

Remarque. — L'expression $\dfrac{320 \times 6 \times 114}{36000}$ peut s'écrire :

$$320 \times 114 \times \frac{6}{36000} = 320 \times 114 : \frac{36000}{6} \quad \text{Elle corres-}$$

pond à l'énoncé de la règle pratique suivante : *Pour avoir l'escompte d'une somme, on multiplie cette somme par le nombre de jours, ce qui donne un produit qu'on appelle le* NOMBRE : *on divise 36000 par le taux de l'escompte, ce qui donne un quotient qu'on appelle le* DIVISEUR ; *ensuite on divise le* NOMBRE *par le diviseur et on a l'escompte cherché. On peut user du même moyen pour chercher l'intérêt simple d'une somme.*

Nous écrivons sur les deux lignes suivantes les taux les plus ordinairement employés, avec les diviseurs qu'ils fournissent :

6	5	4 1/2	4	3	2 1/2	2	1 1/2
6000	7200	8000	9000	12000	14400	18000	24000

124. — Applications. Le 6 Mai 1866, un négociant présente à l'escompte à 6 p. % à Bordeaux : 1° un billet de 625 fr. payable le 15 Juin; 2° un billet de 460 fr. payable le 5 Juillet; 3° un billet de 380 fr. payable le 10 août. Quelle somme reçoit-il ?

Du jour de l'escompte à celui de l'échéance il y a pour le 1er billet 40 jours, pour le 2e, 60 jours, pour le 3e, 96 jours. Les retenues à faire d'après la règle précédente sont donc :

$$\frac{625 \times 40}{6000} + \frac{460 \times 60}{6000} + \frac{380 \times 96}{6000} = \frac{625 \times 40 + 460 \times 60 + 380 \times 96}{6000}$$

Par conséquent il faudrait faire la somme de tous les nombres et la division d'un seul coup par le diviseur 6000. Voici la disposition du calcul :

$$
\begin{array}{llll}
625\ldots & 15\ \text{Juin}\ldots & 40\ldots & 25000 \\
460\ldots & 5\ \text{Juillet}\ldots & 60\ldots & 27600 \\
380\ldots & 10\ \text{Août}\ldots & 96\ldots & 36480 \\
\hline
1465 & & & 89080
\end{array}
$$

$$\frac{14,85}{1450^{fr}15}\ \text{(somme reçue)} \qquad \frac{89080}{6000} = \frac{89,080}{6} = 14^{fr}846\ \text{(escompte)}$$

Rival doit à Garnier, le 20 Septembre 1866, divers effets, savoir : 1° 2080 fr., payables au 15 Octobre; 2° 1500 fr. payables au 8 Novembre; 3° 900 fr., payables au 24 Décembre. Il désire tout payer par un seul effet à échéance moyenne (l'escompte est 6 p. °/₀ par exemple).

Les échéances respectives des billets étant à 25 jours, 49 jours, 95 jours du 20 Septembre, leur escompte ce jour-là serait :

$$\frac{2080 \times 25}{6000} + \frac{1500 \times 49}{6000} + \frac{900 \times 95}{6000} + \frac{211000}{6000}\ \text{et leur valeur}$$

actuelle serait 2080 + 1500 + 900, ou 4480 fr. moins cet escompte.

Le jour de l'échéance moyenne doit être fixé de manière à produire le même escompte au 20 Septembre, de telle façon que la valeur actuelle des billets, rapportée à ce jour, ne change pas. Par conséquent, en appelant x le nombre de jours à courir à dater du 20 Septembre, inclusivement, on doit avoir :

$$\frac{2080 \times x}{6000} + \frac{1500 \times x}{6000} + \frac{900 \times x}{6000}\ \text{ou}\ \frac{(2080 + 1500 + 900)x}{6000} =$$

$$\frac{211000}{6000}\ \text{ou bien} : (2080 + 1500 + 900) \times x = 211000;$$

d'où $x = \dfrac{211000}{2080 + 1500 + 900} = \dfrac{211000}{4480} = 47$ jours. L'échéance

sera donc à 47 jours du 20 Septembre, soit le 6 Novembre.

De là, la règle pratique suivante :

On fera la somme des nombres que donnent tous les billets, supposés escomptés le jour où l'on fait le billet unique, on la divisera par la somme des valeurs nominales portées sur les billets, et le quotient sera le nombre de jours qu'il faudra compter avant l'échéance du billet unique.

Comptes courants.

125. — Un banquier B, de Bordeaux, ouvre un compte courant à M, de Madrid.

B a encaissé pour M, en 1865, le 9 Octobre, 536 fr. ; le 12 Novembre, 450 fr. ; le 20 Décembre, 870 fr. ; et, en 1866, le 16 Février, 1000 fr. M. lui redevait au 15 août 1865, au dernier règlement de compte, 484 fr.

D'un autre côté, B a payé pour M., en 1865, le 22 Octobre, 250 fr. ; le 10 Novembre, 1800 fr. ; le 4 Décembre, 920 fr. ; en 1866, le 7 Mars 340 fr., et le 1er juin 150 fr.

Ils règlent compte au 15 juillet 1866. Le taux de l'intérêt est 5 p. %, et le banquier se réserve 1/3 p. % sur les sommes encaissées.

B. ayant payé 250 fr., le 22 Octobre 1865, il lui en sera dû les intérêts pour 334 jours (du 15 Août 1865, au 15 juillet 1866) moins les intérêts de cette même somme pour les 68 jours déjà écoulés (du 15 Août au 22 Octobre). Il prendra les intérêts pour 334 jours ; mais pour compenser, il portera le nombre 1700 = 250 × 68 comme avoir de M. dans la colonne des nombres de gauche. Il fera de même pour tous les autres versements.

B. encaissant le 9 Octobre 536 fr. pour le compte de M, devrait lui en servir les intérêts pour 334 jours, moins les intérêts pour les 55 jours écoulés ; néanmoins il lui en servira les intérêts pour 334 jours, mais il s'indemnisera en se donnant, dans la colonne des nombres de droite, le nombre 29480 = 536 × 55. De même pour les autres sommes encaissées.

A l'époque du règlement, les sommes versées par B, dépassent de 120 fr. les sommes par lui encaissées. 120 × 334 donne le nombre 40080 qu'il inscrira dans sa colonne de droite.

La somme des nombres de B dépasse de 58900 fr. celle des nombres de M. Ce nombre divisé par le diviseur 7200, qui correspond au taux 5 p. %, donne 8 fr. 18, qu'il inscrit comme payé à M. Il porte également 9 fr. 52 pour la commission de

1/3 p. % sur les sommes qu'il a encaissées depuis le dernier règlement.

Il se trouve ainsi que M. doit 3477 fr. 70 et qu'il n'a été reçu
pour lui que 3340 fr.

La différence sera portée à son compte comme étant ce qu'il
doit à B.

Le tableau ci-dessous expose la marche de toutes ces opérations :

Doit *M. M, de Madrid, son compte courant chez M. B, banquier. à Bordeaux.* **Avoir**

1865 Octob.	22	Payé............	250f	»	68	17000	1865 Août.	15	Créancier........	484	»		
» Novem.	10	Payé.........	1800	»	87	156600	» Octob.	9	Reçu............	536	»	55	29480
» Décem.	4	Payé.........	920	»	111	102120	» Novem.	12	Reçu...........	450	»	89	40050
1866 Mars.	7	Payé.........	340	»	204	69360	» Décem.	20	Reçu...........	870	»	127	110490
» Juin.	1	Payé.........	150	»	290	43500	1866 Février	16	Reçu...........	1000	»	185	185000
		Intérêts sur ba-lance des nombres.	2	29		16520			Balance des capitaux 120 f.				
		Com^on à 1/3 %..	9	52					Il m'est dû.....	131	81	334	40080
			3471f	81		405100				3471	81		405100
		Il m'est dû au 15 Juillet 1866	131f	81									

Bordeaux, le 15 Juillet 1866.

B.

Rentes sur l'Etat.

Combien aura-t-on de rente 3 °/₀ au cours de 65 fr. 70 pour 48000 fr. (Courtage non compris) ?

(Le cours est le capital actuel qui correspond à 3 fr. d'intérêt ou de rente. Ce capital varie d'un jour à l'autre. Le courtage est un droit de 1/800 ou 1/8 p. °/₀ que prélève sur le prix de la rente l'agent de change qui fait l'opération pour le particulier qui achète).

On fera la règle de trois ci-dessous indiquée :

Pour..... 65 fr. 70........ on a 3 fr....... de rente.

   »   48000............ on aura x..........   »

$$\text{d'où } x = \frac{3 \times 48000}{65{,}70} = 2191 \text{ fr. } 78.$$

On aura 2191 fr. 78 de rente pour 48000 fr., mais on devra payer en outre pour courtage 1/800 de 48000, soit $\dfrac{48000}{800} =$ $\dfrac{480}{8} = 60$ fr., plus 1 fr. 50 de timbre. Si le capital n'avait pas dépassé 10000 fr., le timbre aurait coûté seulement 0 fr. 50.

Combien aura-t-on de rente 4 1/2 p. °/₀ au cours de 96 fr. 80 pour 30000 fr. (Courtage compris) ?

L'Agent prend le 1/8 p. °/₀ sur 30000ᶠ, ce qui donne . $\dfrac{30000}{800} =$ $\dfrac{300}{8} = 37$ fr. 50. Il retranche cette somme du capital 30000 et pour le reste, 29962 fr. 50, il achète de la rente 4 1/2. On opère comme ci-dessus.

Ce moyen de prélever le courtage n'est pas absolument exact, mais il est le plus simple.

A combien place-t-on son argent en achetant du 4 1/2 p. °/₀ au cours de 96 fr. 80 ?

On résoudra la règle de trois simple ci-dessous :

96 fr. 80 rapportent 4 fr. 50.

100..................... x

Règles de société.

126. — *On donne ce nom aux questions dans lesquelles on se propose de partager entre plusieurs personnes qui se sont associées pour une certaine entreprise, versant chacune un fonds qu'on appelle la* MISE *de l'associé, le bénéfice ou la perte résultant de leur entreprise.*

Nous distinguerons trois cas.

1er Cas. — *Les associés versent des mises différentes, mais pour le même temps.*

Dans ce cas le partage se fait proportionnellement aux mises.

2e Cas. *Les associés apportent la même mise, pour des temps différents.*

Il est juste alors de faire le partage proportionnellement au temps.

3e Cas. *Les temps et les mises sont différents.*

Dans ce cas le partage doit se faire proportionnellement au produit des temps par les mises.

En effet, si deux associés, par exemple, avaient mis le premier 1000 fr. pour 6 mois et le second 700 fr pour 11 mois, le premier pourrait être considéré comme ayant mis 6 fois plus qu'il n'a mis. c'est-à-dire, 1000×6 pour 1 mois, et le second comme ayant mis 11 fois plus, c'est-à-dire, 700×11 pour 1 mois. On aurait alors des mises différentes, mais correspondant au même temps, par conséquent il n'y aurait qu'à faire le partage en proportion de ces mises différentes.

Trois personnes se sont associées et ont apporté la 1re 12000 fr., la 2e 17000 fr. et la 3e 14000 fr.; 3 mois plus tard le 1er associé a apporté encore 5000 fr., et le 2me 8 mois plus tard a encore apporté 6000 fr.; enfin, un an après la fondation de la société, qui a duré en tout 3 ans, le 3e associé a encore versé 4000 fr. A la fin ils ont à se partager 30000 fr.; quelle sera la part de chacun ?

Ni le temps ni les mises n'étant les mêmes, le partage devra se faire proportionnellement au produit du temps par les mises.

On voit que le 1er associé laisse 12000 fr. pendant 36 mois, et 5000 pendant 33 mois, sa mise sera sensée être $12000 \times 36 + 5000 \times 33$ ou 597000 fr. pour un mois. On aura pour le 2e $17000 \times 36 + 6000 \times 25 = 762000$; et pour le 3e $14000 \times 36 +$

$4000 \times 24 = 600000$. Il s'agit donc de partager 30000 proportionnellement à 597000, 762000, 600000, ce qui donnera pour le

1er : $\dfrac{30000 \times 597000}{1959000} = 9142$ fr. 42; pour le 2° : $\dfrac{30000 \times 762000}{1959000} =$

11669 fr. 21 ; $\dfrac{30000 \times 600000}{1959000} = 9188$ fr. 36.

Moyenne arithmétique entre plusieurs nombres.

127. — *On appelle moyenne arithmétique entre plusieurs nombres donnés un nombre qui, étant répété autant de fois qu'il y a de nombres donnés, donne une somme égale à celle de tous les nombres donnés.*

D'après cela pour obtenir une moyenne arithmétique entre n nombres donnés, on fera la somme de tous ces nombres et on la divisera par n ; le quotient sera la moyenne arithmétique cherchée.

EXEMPLE. En mesurant sur le terrain une certaine longueur on a trouvé une première fois $104^m,25$, une deuxième fois $100^m,95$, une troisième fois $102^m,00$, une quatrième fois $104^m,00$.

$$
\begin{array}{r}
101,25 \\
100,95 \\
102,00 \\
101,00 \\
\hline
405,20
\end{array}
$$

On propose de s'en tenir à la moyenne arithmétique entre ces quatre résultats.

Pour cela on en fera la somme qui est $405^m,20$. Il est clair que si on divise cette somme par 4, on aura un nombre qui, répété 4 fois, c'est-à-dire, autant de fois qu'il y a de nombres donnés, donnera une somme égale à celle de tous ces nombres. On trouvera ainsi pour moyenne $101^m,30$ que l'on regardera comme la longueur probable de la ligne mesurée.

Règles de Mélanges.

128. — Nous distinguerons deux espèces de règles de mélanges.

RÈGLES DE MÉLANGES DE LA PREMIÈRE ESPÈCE.

Dans la première espèce on a pour but, *connaissant la valeur de l'unité de plusieurs quantités, de trouver celle d'un mélange de ces mêmes quantités fait dans des proportions déterminées.*

EXEMPLE. — On mélange 325 litres de vin à 0 fr. 70 avec 200 litres à 0 fr. 80 Quelle sera la valeur d'un litre du mélange ?

$$325^l \ldots \text{à } 0^f 70 = 227^f 50$$
$$200 \ldots \text{à } 1,80 = 360 \ 00$$
$$\overline{525 \ldots \ldots \ldots \ldots 587 \ 50}$$
$$1 \ldots \ldots \ldots \frac{587 \ 50}{525}$$

Nous chercherons la valeur de la première quantité, puis celle de la seconde ; nous ferons ensuite la somme de ces deux valeurs, puis la somme des nombres qui représentent chacune des quantités, comme l'indique suffisamment le tableau ci-contre.

On trouvera ainsi que 525 litres valent 587 fr. 50 ; un litre vaudra donc : $\dfrac{587 \text{ fr. } 50}{525}$; c'est-à-dire que l'on divisera la somme des valeurs des quantités mélangées, par le total de ces mêmes quantités.

RÈGLES DE MÉLANGES DE LA SECONDE ESPÈCE.

Dans la seconde espèce de règles de mélanges on a pour but de déterminer dans quelle proportion il faut mélanger des quantités de diverses valeurs, pour en obtenir une d'une valeur moyenne.

Ces questions ne sont réellement bien déterminées que pour le cas de deux espèces de quantités seulement, et ce cas sera le seul dont nous nous occuperons.

EXEMPLE. — On a du blé à 19 fr. l'hectolitre et du blé à 25 fr. l'hectolitre ; dans quelle proportion faut-il les mélanger pour obtenir du blé à 21 fr. l'hectolitre ?

$$
\begin{array}{ccc}
19 & & 4 \\
 & 21 & \\
25 & & 2
\end{array}
$$

Je place l'un au-dessous de l'autre les deux nombres qui représentent les valeurs des quantités données ; un peu à droite et sur la ligne qui tient le milieu, j'écris la valeur moyenne demandée ; ensuite je retranche la valeur moyenne de la plus forte et j'écris la différence sur la ligne de la plus faible ; puis je retranche la plus faible de la moyenne, et j'écris la différence sur la ligne de la plus forte comme le représente le tableau ci-dessus.

J'ai ainsi en regard de chacune des quantités données le nombre qui exprime combien il faut prendre de cette même quantité.

En effet, la première espèce de blé est inférieure de 2 fr. par hectolitre au prix demandé, et si j'en prends 4 hectolitres j'aurai au-dessous du prix demandé 2×4 ; mais la seconde est supérieure de 4 fr. au prix demandé ; et si j'en prends 2 hectolitres j'aurai 4×2 au-dessus du prix demandé ; mais comme $2 \times 4 =$

4 × 2, j'aurai autant au-dessous qu'au-dessus, et, par conséquent, par la compensation, j'aurai le prix moyen demandé.

Si on demandait 36 hectolitres de ce mélange, on opérerait, d'abord comme nous venons de faire dans le but de déterminer simplement la proportion du mélange, et après avoir trouvé qu'il faudrait prendre 4 hectolitres de blé à 19 fr. pour 2 hectolitres de blé à 25 fr., on partagerait 36 proportionnellement à 4 et à 2.

On veut mélanger du vin à 0ᶠ 90 le litre avec du vin à 0ᶠ 75 le litre, à 0ᶠ 60 le litre, à 0ᶠ 45 le litre, à 0ᶠ 30 le litre, de manière à faire du vin à 0ᶠ 70 le litre.

On associera un à un les prix inférieurs avec les prix supérieurs au prix moyen, en faisant comme il a été dit plus haut, et on trouvera :

90..........10	75..........25	75..........40
70	.70	70
60..........20	45.......... 5	30.......... 5

On trouvera qu'il faut 10 litres à 0ᶠ 90 ; 25 litres à 0ᶠ 75 ; 20 litres à 0ᶠ 60 ; 5 litres à 0ᶠ 45 ; 40 litres à 0ᶠ 75 ; 5 litres à 0ᶠ 30. C'est une des solutions du problème, car il est indéterminé et admet plusieurs solutions. On a pris deux fois un des nombres supérieurs au prix moyen, parce qu'il y avait moins de nombres supérieurs que de nombres inférieurs.

Règles d'Alliages.

129. — Les règles d'alliages ont beaucoup de rapport avec les règles de mélanges. Avant de les étudier il est nécessaire de donner quelques définitions.

On appelle alliage une combinaison de métaux.

Lorsqu'on combine ensemble deux ou plusieurs métaux, on appelle titre de l'alliage résultant, par rapport à l'un de ces métaux, le quotient obtenu en divisant le poids de ce métal par le poids total de l'alliage.

Ainsi, si on a mis 95 grammes d'argent avec 5 grammes de cuivre, le titre de l'alliage, par rapport à l'argent, sera égal au quotient de 95, poids de l'argent, par 100 poids total de l'alliage. Ce titre sera donc 0,95 ; par la même raison le titre du même alliage rapporté au cuivre, eût été 0,05.

Lorsqu'on allie un métal fin ou précieux avec un métal commun, le titre de l'alliage est rapporté au métal fin.

Il suit de cette définition que lorsqu'on voudra connaître le titre d'un alliage par rapport à un métal, il faudra d'abord déterminer le poids de ce métal, puis le poids total, et le quotient du premier par le second sera le titre cherché.

De même, le titre étant donné, si on le multiplie par le poids total de l'alliage, il est clair que le produit obtenu donnera le poids du métal auquel il est rapporté.

Cela posé, nous distinguerons deux espèces de règles d'alliages, comme nous avons distingué deux espèces de règles de mélanges.

RÈGLES D'ALLIAGES DE LA PREMIÈRE ESPÈCE.

130. — On fond ensemble un lingot d'argent et de cuivre au titre de 0,750, et du poids de 7 k. 5, avec un lingot au titre de 0,950 et du poids de 10 k. Quel est le titre de l'alliage résultant ?

$$7^k,5 \text{ au titre de } 0,750 = 5^k,625 \text{ argent pur.}$$
$$10^k \dots\dots\dots\dots 0,950 = 9^k,500 \quad\text{id.}$$
$$\overline{17^k,500} \qquad \overline{15^k,125}$$

Le premier lingot contient un poids d'argent, que l'on obtient, d'après ce qui précède, en multipliant son titre 0,750 par son poids $7^k,5$; ce qui donne $5^k,625$.

Le second lingot contient de même un poids d'argent pur égal à $10 \times 0,950$, ce qui donne $9^k,500$. Ces résultats peuvent s'exposer comme ci-dessus.

En faisant le poids total des deux lingots et le poids total de l'argent pur qu'ils contiennent, on trouve que $17^k,500$ d'alliage contiennent $15^k,125$ d'argent pur. Le titre demandé sera donc par définition $\dfrac{15,125}{17,500} = 0,864$ environ.

RÈGLES D'ALLIAGES DE LA SECONDE ESPÈCE.

131. — On propose de chercher dans quelle proportion il faut fondre des alliages à des titres déterminés pour obtenir un alliage à un titre moyen demandé.

Exemple. — Dans quelle proportion faut-il fondre un lingot d'or et de cuivre, au titre de 0,900, avec un autre lingot au titre de 0,700 pour obtenir 15ᵏ d'alliage au titre de 0,850 ?

J'écris les titres donnés l'un au-dessous de l'autre. Je place en regard, entre les deux lignes, le titre

0,900   150

0,850   moyen demandé. Je cherche ensuite com-

0,700   50   bien le plus fort titre dépasse le titre

moyen, et j'écris la différence sur la ligne du plus faible ; je cherche de même de combien le titre moyen dépasse le plus faible, et j'écris la différence sur la ligne du plus fort. Ces deux différences sont 150 millièmes et 50 millièmes, nombres qui sont entre eux dans le rapport de 150 à 50 ; il faudra donc prendre 150 parties du premier contre 50 du second.

En effet, une partie du premier est de 50 millièmes au-dessus du titre demandé, et, en en prenant 150 parties, j'ai 50×150 au-dessus du titre ; mais une partie du second est de 150 millièmes au-dessous du titre demandé ; et, en en prenant 50 parties j'ai 150×50 au-dessous du titre demandé ; j'ai donc autant de parties au-dessus qu'au-dessous, et, par conséquent, il y a compensation. Les nombres 150 et 50 exprimant ainsi dans quel rapport je dois prendre chacun des deux lingots, puisque je me propose de faire un alliage de 15ᵏ, il ne me restera plus qu'à partager 15ᵏ proportionnellement à 150 et à 50, pour savoir combien je devrai prendre du premier, et combien je devrai prendre du second.

Voici les titres autorisés par la loi du 19 brumaire an VI (9 Novembre 1797) pour les ouvrages d'or et d'argent :

1° Pour les ouvrages d'argent : 1ᵉʳ titre $= 0,950$; 2° titre $= 0,800$.

2° Pour les ouvrages d'or : 1ᵉʳ titre $= 0,920$; 2° titre $= 0,840$ 3° titre $= 0,750$.

La loi tolère 3 millièmes d'erreur sur le titre d'un ouvrage d'or et 5 sur celui d'un ouvrage d'argent.

Pour le titre des monnaies, tant d'or que d'argent, elle tolère 2 millièmes.

Pour le titre des monnaies de bronze, elle tolère 10 millièmes pour le cuivre, et 5 pour les autres métaux.

Règle conjointe.

Un négociant français doit verser entre les mains d'un banquier 15000 livres anglaises pour un négociant de Londres. Le banquier prend 1 % de commission. Quelle somme versera le négociant français, sachant que 26 livres anglaises valent 150 roubles de Russie ; 75 roubles valent 30 ducats de Hambourg ; 20 ducats valent 42 piastres d'Espagne, et 12 piastres, 65 fr.

Solution :

$$12 \text{ piastres} = 65 \text{ fr.}$$

$$1 \text{ p.} = \frac{65}{12}$$

$$\text{et } 42 \text{ p.} = \frac{65 \times 42}{12} \text{ , c'est la valeur de 20 ducats.}$$

$$1 \text{ ducat} = \frac{65 \times 42}{12 \times 20}$$

$$\text{et } 30 \text{ ducats} = \frac{65 \times 42 \times 30}{12 \times 20} \text{ , c'est la valeur de 75 roubles}$$

$$1 \text{ rouble} = \frac{65 \times 42 \times 30}{12 \times 20 \times 75}$$

$$\text{et } 150 \text{ r.} = \frac{65 \times 42 \times 30 \times 150}{12 \times 20 \times 75} \text{ c'est la valeur de 26 livres anglaises.}$$

$$1 \text{ livre} = \frac{65 \times 42 \times 30 \times 150}{12 \times 20 \times 75 \times 26}$$

$$\text{et } 15000 \text{ l.} = \frac{65 \times 42 \times 30 \times 150 \times 15000}{12 \times 20 \times 75 \times 26} = 393750 \text{ fr.}$$

Le négociant français aura donc à payer 393750 fr., plus la centième partie de ce nombre, soit : 3937 fr. 50, pour le droit de commission de 1 % : $393750^{f} + 3937^{f} 50 = 397687^{f} 50$.

CHAPITRE VIII.

RÉSULTATS APPROCHÉS.

§ 1ᵉʳ Opérations abrégées.

ADDITION.

132. — Soit proposé de faire la somme :

$$15{,}67352 + 28{,}4045 + 76{,}14532 + 18{,}5783 + 6{,}73148 + 19{,}307$$

```
   15,673
   28,304
   76,145
   18,578
    6,731
   19,307
   ───────
  164,738
ou 164,74 en forçant le chiffre des centièmes
```

à 0, 01 près. On fera l'addition ci-contre. Le résultat 164,738 est trop faible, car on a omis une partie des chiffres de quelques-uns des nombres ; mais l'erreur par défaut ne vaut pas un centième. En effet, on a omis sur chaque nombre moins d'un millième, en négligeant les ordres d'unités inférieures aux millièmes, et comme il y a moins de 10 nombres on a donc une erreur plus petite que 0,001 × 10 ou que 0,01. D'un autre côté, on omettra au total le chiffre 8 de l'ordre des millièmes, ce qui fait une seconde erreur moindre que 0,01. Pourtant ces deux erreurs étant de même sens, il se pourrait, dans certains cas, que leur somme valût 0,01 ou même plus. Pour éviter cela, on forcera le chiffre des centièmes ; de cette manière on aura moins de deux centièmes par défaut et un centième par excès, et l'erreur définitive, égale à la différence de ces deux erreurs contraires, sera de moins d'un centième. De là la règle :

Pour avoir une somme à une unité près d'un ordre décimal donné, on prend chacun des nombres à additionner avec un chiffre décimal de plus qu'on en veut au total ; on fait la somme des nombres ainsi réduits, puis on supprime un chiffre décimal sur la droite du total, en ayant soin de forcer le dernier chiffre conservé.

NOTA. — Le raisonnement précédent suppose que l'on n'a pas plus de dix nombres à additionner. Si on en avait plus de dix et moins de cent, il faudrait conserver à chaque nombre deux chiffres décimaux de plus qu'il n'y en aura au total ; ensuite on bifferait les deux derniers chiffres à droite du total, en forçant le dernier chiffre conservé.

SOUSTRACTION.

133. — Soit proposée la soustraction 276,378 — 149,692 à 0,1 près. En omettant au plus grand nombre tous les chiffres venant à la droite des dixièmes, l'erreur est moindre que 0,1 par défaut; il en serait de même pour le plus petit nombre ; mais il est facile de voir que ces deux erreurs se détruisent en partie au résultat ; car la première tend à diminuer la différence cherchée, et la seconde à l'augmenter. Si donc on fait la soustraction : 276,3 — 149,6, le résultat 127,7 sera obtenu à 0,1 près. De là la règle :

Pour avoir une différence à une unité près d'un ordre décimal donné, on prendra chaque terme de la différence à une unité près de ce même ordre décimal et on fera ensuite la soustraction.

MULTIPLICATION

134. — Soit demandé le produit 728,6739784 × 23,84659265 à 0,001 près. En suivant la méthode ordinaire, on aurait au produit 15 décimales; or il n'en faut que 3 ; on a dû chercher à s'éviter une partie du travail inutile qu'aurait demandé l'opération, c'est à quoi on arrive par la méthode d'Oughtred développée ci-dessous :

On peut remarquer que le chiffre 3 des unités du multiplicateur se trouve placé sous le chiffre du multiplicande qui occupe le 2ᵉ rang à droite des millièmes, et que le multiplicateur a été renversé de manière à ce que les chiffres qui viennent à droite des unités simples soient au contraire à gauche, et réciproquement. Ensuite, chaque produit partiel commence aux unités du multiplicande qui correspondent au chiffre du multiplicateur servant à former ce produit; ainsi on multiplie 728,673978

```
        728,6739 78|4
       5|629 5648,32
       ─────────────────
       1457 3479 56
        218 6024 91
         58 2939 12
          2 9146 92
            4372 02
             364 30
              65 52
               1 44
                 42
       ─────────────────
       1737 6,391|21
```

ou en forçant : **17376,392** à 0,001 près.

par 2 dizaines ou 20, ce qui fournit des cent-millièmes (0,000001 $\times$ 10 = 0,00001); puis 728,67397 par 3 unités, ce qui donne encore des cent-millièmes (0,00001 $\times$ 1 = 0,00001); 728,6739 par 0,8) ce qui donne encore des cent-millièmes (0,0001 $\times$ 0,1 = 0,00001) etc.; en sorte que tous les produits partiels sont de l'ordre des cent-millièmes, c'est pourquoi on a écrit dans une même colonne verticale leurs premiers chiffres de droite.

Il est à remarquer que la partie omise au multiplicande, à chaque multiplication partielle, ne donnerait pas au produit un nombre de cent-millèmes égal au chiffre du multiplicateur. Ainsi, par exemple, au cinquième produit partiel, la partie omise au multiplicande ne vaut pas 0,01, et son produit par 0,006 (valeur relative du chiffre du multiplicateur), ne vaut pas, par conséquent, 0,01 $\times$ 0,006, c'est-à-dire 0,00006. L'erreur provenant de toutes ces omissions ne vaut donc pas un nombre de cent-millièmes égal à la somme des chiffres du multiplicateur, et comme celle-ci vaut en général moins de cent, on peut dire que cette erreur n'égale pas cent cent-millièmes, c'est-à-dire, un millième.

D'ailleurs, on commet, en supprimant les deux derniers des cinq chiffres décimaux calculés, une nouvelle erreur, qui, elle-même, ne vaut pas un millième. Mais en raisonnant comme pour l'addition on pourrait dire que ces deux valeurs réunies pourraient, dans certains cas, égaler ou dépasser un millième, c'est pourquoi on forcera le dernier chiffre conservé.

De là la règle :

Pour avoir un produit à une unité près d'un ordre décimal donné, on écrit le multiplicateur au-dessous du multiplicande, de manière à ce que les unités simples correspondent avec les unités décimales qui sont au 2° rang à droite de celles de l'approximation, puis, renversant le multiplicateur, on écrit successivement à gauche de ses unités les chiffres qui sont à droite, et réciproquement: on biffe les chiffres du multiplicande qui dépassent le multiplicateur sur la droite, et ceux du multiplicateur qui dépassent le multiplicande sur la gauche. Cela fait, on multiplie successivement par chaque chiffre du multiplicateur, en négligeant les chiffres du multiplicande qui sont à droite de celui qui correspond au chiffre du multiplicateur employé. On écrit les produits partiels les uns au-dessous des autres de manière à ce que leurs premiers chiffres de droite se correspondent ; ensuite on fait la somme des produits partiels ; on sépare au produit total deux décimales de plus qu'on en doit avoir, on biffe les deux dernières et on force la dernière conservée.

Nota. — Nous supposons, dans le raisonnement précédent, que la somme des chiffres conservés au multiplicateur est inférieure à cent ; dans le cas contraire, on écrirait les unités simples du multiplicateur sous les unités décimales du multiplicande qui occupent le 3ᵉ rang à droite de celles de l'approximation, etc... et on séparerait au produit total trois décimales de plus qu'on en doit compter, etc.

DIVISION

135. — On demande, à une unité près, le quotient de 1843,5689217 par 3,14159265.

Le quotient sera égal au plus grand nombre de fois qu'on peut répéter le diviseur sans dépasser le dividende ; or, supposons qu'on fasse une erreur d'une unité, par défaut, en multipliant le diviseur par le quotient ; cette erreur n'équivaudra pas au diviseur répété une fois de trop, car il est plus grand qu'une unité, dans le cas qui nous occupe. Donc, si on fait à une unité près, par défaut, le produit du diviseur par le quotient, en suivant la méthode d'Oughtréd, cette erreur de moins d'une unité ne rendra pas le quotient trop fort d'une unité.

Après avoir reconnu que le dividende est compris entre le diviseur multiplié par 100 et le diviseur multiplié par 1000, et par conséquent, que le quotient a trois chiffres à sa partie entière, on en prendra cinq sur la gauche du diviseur, c'est-à-dire, deux de plus, ce qui donnera le diviseur préparé 3,1415 ; on prendra ensuite sur la droite du dividende un nombre capable de contenir ce diviseur (1843, 56) et on fera la division de 1843,56, par 3,1415.

<table>
<tr><td>1843,56|89217</td><td>3,1415|9265</td><td rowspan="4">Le quotient est 5 et le reste 27281. Pour avoir le second chiffre du quotient, on biffera un chiffre sur la droite du di-</td></tr>
<tr><td>272 81</td><td>586</td></tr>
<tr><td>21 53</td><td></td></tr>
<tr><td>2 69</td><td></td></tr>
</table>

viseur, et on divisera par le nouveau diviseur ainsi obtenu le reste de la division précédente, et ainsi de suite jusqu'à ce qu'on ait au quotient le nombre de chiffres voulu.

Il est facile de voir qu'en multipliant successivement le diviseur par chaque chiffre du quotient on fait la multiplication abrégée ci-contre :

3,1416
685
———
157075
25128
. . . . . .
etc.

Par conséquent on a fait le produit du diviseur par le quotient, à une unité près, ce qui n'a pu rendre le quotient trop fort d'une unité, ainsi que nous l'avons expliqué déjà ; il n'est pas non plus trop faible d'une unité, en effet, en admettant que le reste obtenu 2,29 ne soit pas trop fort (et il est trop fort car on a soustrait du dividende un produit approché par défaut), comme le reste 2,69 est plus faible que 3,14, c'est-à-dire, comme les trois premiers chiffres du diviseur total font un nombre plus fort que les trois premiers chiffres du reste, il est clair que le diviseur est un nombre supérieur au reste total, en y comprenant même les chiffres omis sur la droite du dividende : 2,6989217 < 3,14159265. Cependant, si le diviseur pouvait être contenu une fois plus dans le dividende, ce n'est que dans le reste qu'il serait contenu.

On a donc le quotient à une unité près.

Soit proposé d'avoir, à une unité près, le quotient de la division 1884,928584 par 3,14160265. Je trouve que la partie entière du quotient doit avoir trois chiffres ; prenant alors pour diviseur préparé les 5 premiers chiffres de gauche du diviseur je fais la division ci contre :

1884,92|8584 | 3,1416|0265
314 12 | 599

Si, après la première division partielle, je supprime le chiffre 6 au diviseur, pour continuer, ce qui donne 3141, il se trouve que le reste 31412 contient 10 fois ce diviseur préparé 3141, d'où : 31410 < 31412, ou 31410 < 31410 + 2 ; mais comme on avait 31416 > 31412, ou 31410 + 6 > 31410 + 2. Ce n'est donc que par leur dernier chiffre à droite, que ces deux nombres diffèrent.

Cela posé, 314,12 et 314,16 sont égaux dans leur partie entière, et, par suite, 314,12 > 314,16 — 3,1416, vu que le membre de droite contient nécessairement moins d'unités que le membre de gauche ; autrement dit, le reste 31412 est plus grand que 100 fois le diviseur moins une fois ce même diviseur, c'est-à-dire, plus grand que 99 fois le diviseur. Cependant 31412 < 31416 donne 314,12 < 314,16, c'est-à-dire, le vrai reste plus petit que 100 fois le diviseur. En résumé, il manque au quotient plus de 99 mais moins de 100.

On aura donc le quotient à une unité près en le complétant par 99.

Par un raisonnement analogue on démontrerait toujours que

lorsqu'un diviseur préparé est contenu 10 fois dans le dividende correspondant, il faut écrire au quotient autant de 9 qu'il reste encore de chiffres à déterminer.

Notre raisonnement de la division abrégée, suppose qu'il y a un chiffre à la partie entière du diviseur; s'il en était autrement, en déplaçant convenablement la virgule du même nombre de rangs dans dividende et dans le diviseur, on reviendrait toujours à ce cas.

```
917498,56|32 | 8,4520000
   72298 56 | ─────────
    4682 56 | 108554
     456 56 |
      33 96 |
      16
```

Ainsi : Soit 9174,985632 à diviser par 0,08452. On fera la division ci-contre qui donne 108554 pour quotient, à une unité près.

136. — Si on demandait le quotient à une unité près d'un ordre décimal quelconque, après avoir ramené la division au cas que nous avons étudié, on avancerait au dividende la virgule d'autant de rangs que l'on veut avoir au quotient d'unités décimales : de deux rangs, si l'on veut avoir le quotient à un centième près; on chercherait ensuite, le quotient du dividende tel qu'on l'a transformé, par le diviseur, puis on séparerait deux chiffres sur la droite de ce quotient, qui se trouverait ainsi vrai à un centième près, comme il l'était à une unité près.

EXEMPLE. — 83,6795234 à diviser par 0,9653782 à 0,01 près.

J'obtiens 836,795234 : 9,653782 ensuite, en multipliant par 100 le dividende, j'ai 83679,5234 : 9,653782. Je ferai, à une unité près,

```
83679,52|34 | 9,65378|2
  6449 28 | ──────────
   657 06 | 8668
    77 88 | 86,68 à 0,01 près
    68
```

cette dernière division, qui doit avoir quatre chiffres à sa partie entière ; puis, après avoir obtenu 8668 pour quotient, à une unité près, je diviserai ce quotient par 100, parce qu'en multipliant le dividende par 100, j'ai rendu le quotient 100 fois trop fort, et j'aurai 86,68 à 0,01 près, le chiffre 8 qui était tout-à-l'heure exact comme chiffre d'unités, se trouvant maintenant exact comme chiffre de centièmes.

Extraction abrégée de la racine carrée.

137. — Soit proposé d'extraire la racine carrée de 200000000.

2.00.00.00.00	141		Cette racine aura 5 chiffres ; or,
10.0	24	281	dès qu'on en aura la moitié plus
40.0	4	1	un, c'est-à-dire, les 3 premiers,
1 1 9 0 0 0 0	96	281	une simple division donnera les

2 autres. En effet, les 3 chiffres obtenus, 141, devant être suivis de deux autres expriment des centaines, et leur valeur réelle est 14100. Appelons N le nombre qu'il faudrait ajouter à 14100 pour compléter la racine, et remarquons que 1190000 est ce qui reste après avoir retranché du nombre proposé le carré des trois premiers chiffres de sa racine. Nous aurons $(14100 + N)^2 = 200000000$ ou bien, $14100^2 + 2$ f. $14100 \times N + N^2 = 200000000$; d'où 2 f. $14100 \times N + N^2 = 200000000 - 14100^2$ ou bien 2 f. $14100 \times N + N^2 = 1190000$; d'où :

$$2 \text{ f. } 14100 \times N = 1190000 - N^2 \text{ et par suite, } N = \frac{1190000}{2 \text{ f. } 14100} -$$

$$\frac{N^2}{2 \text{ f. } 14000} \text{ ou } N = \frac{1190000}{28200} - \frac{N^2}{28200} \text{ ou bien } N = 42 \frac{5600}{28200} -$$

$$\frac{N^2}{28200}.$$

D'ailleurs $\frac{5600}{28200}$ est essentiellement plus petit que l'unité. Comme N est plus petit que 100, N^2 est plus petit que 10000, et par suite, $\frac{N^2}{28200}$ est aussi plus petit que l'unité (le dénominateur ayant 5 chiffres par hypothèse, et le numérateur étant inférieur au plus petit nombre de 5 chiffres) ; par suite la différence des deux fractions ne vaudra pas une unité : on aura N = 42, à une unité près.

De là la règle suivante :

Lorsqu'on a la moitié des chiffres de la racine plus un, on obtient les autres en abaissant à côté du reste de la dernière soustraction toutes les tranches qui n'ont pas été encore abaissées, et en divisant le nombre ainsi formé par le double du nombre écrit à la racine, suivi d'autant de zéros qu'il reste encore de chiffres à trouver.

Nota. — Il est facile de voir, en comparant les fractions $\dfrac{5600}{28200}$ $\dfrac{N^2}{28200}$ que pour $N^2 = 5600$ on a une racine exacte, pour $N^2 <$ 5600 on l'a par défaut, et pour $N^2 > 5600$ on l'a par excès.

§ 2. Erreurs absolues et erreurs relatives.

138. — Si au lieu de calculer la valeur exacte d'un nombre on en calcule une valeur qui en approche plus ou moins, la différence entre ces deux valeurs, l'une exacte l'autre approchée, est *l'erreur absolue*. Cette erreur peut valoir une ou plusieurs des unités du nombre; elle peut être égale à une fraction ou à un nombre fractionnaire de ces mêmes unités.

Ainsi, au lieu des nombres 37; 13,689, 29 $\frac{2}{3}$; si je prends les nombres approchants 35; 13,685, 29 $\frac{7}{15}$, les erreurs absolues seront respectivement : 2 unités ; 0,004; $\frac{1}{5}$.

Quand l'erreur est par excès on l'affecte du signe $+$; quand elle est par défaut on l'affecte du signe $-$.

Si au lieu de considérer l'erreur absolue ou l'erreur en elle-même, on recherche le *rapport* de cette erreur au *nombre exact* sur lequel elle a été commise, c'est-à-dire, si on recherche le nombre qui exprimerait la mesure de cette erreur si on prenait le nombre exact pour unité (106) on aura *l'erreur relative*.

Ainsi, l'erreur absolue commise sur le nombre 37 étant **2** unités lorsqu'on ne prend que 35 au lieu de 37, l'erreur relative sera le rapport de 2 à 37, ou $\frac{2}{37}$. De même, l'erreur absolue de 0,004, commise sur le nombre 13,689, donnera l'erreur relative $\frac{0{,}004}{13{,}689} = \frac{4}{13689}$. Enfin quand on prend le nombre 29 $\frac{7}{15}$ pour le nombre 29 $\frac{2}{3}$ on commet une erreur absolue de $\frac{3}{15}$, et le rapport de cette erreur absolue au nombre 29 $\frac{2}{3}$, soit $\frac{3}{15} : 29\frac{2}{3} = \frac{3}{15} : \frac{80}{3}$ $= \frac{3}{15} \times \frac{3}{80} = \frac{9}{1335} = \frac{3}{445}$ est l'erreur relative.

En résumé : *le nombre exact étant pris pour unité, l'erreur relative est un rapport ayant pour unité l'erreur absolue, et pour dénominateur le nombre exact lui-même.*

139. — De cette définition il résulte que *l'erreur absolue est égale à l'erreur relative multipliée par le nombre exact*. Il serait donc facile, connaissant le nombre exact et l'erreur relative, de passer à l'erreur absolue. Mais on ne connaît d'ordinaire que le nombre approché et non le nombre exact.

Dans un des exemples ci-dessus, multiplions l'erreur relative par le nombre approché, au lieu de la multiplier par le nombre exact.

Soit $\frac{2}{37} \times 35 = \frac{2 \times 35}{37}$ ou $2 \times \frac{35}{37}$ au lieu d'avoir $\frac{2}{37} \times 37 = \frac{2 \times 37}{37}$ ou $2 \times \frac{37}{37}$. Au lieu des $\frac{37}{27}$ de 2 (2 est l'erreur absolue) on en aura les $\frac{35}{37}$, c'est-à-dire, qu'on aura l'erreur absolue, moins les $\frac{2}{37}$ de celle-ci, et, comme cette erreur absolue est elle-même $\frac{2}{37}$, si l'on prend le nombre exact pour unité, il s'en faudra des $\frac{2}{37}$ de $\frac{2}{37} = \frac{2'}{37'}$, c'est-à-dire, du carré de l'erreur relative, qu'on ait l'erreur absolue.

Mais l'erreur relative étant généralement une fraction très petite, son carré est toujours négligeable (46. Rem. 2°) et nous pourrons donner en principe que *l'erreur relative multipliée par le nombre approché donne très-sensiblement l'erreur absolue.*

Applications. RELATION ENTRE L'ERREUR ABSOLUE ET L'ERREUR RELATIVE.

140. — Soit le nombre 8376, calculé avec une erreur relative moindre que 0,001, on demande la limite de l'erreur absolue.

R. L'erreur absolue est sensiblement $8376 \times 0,001 = 8,376$; elle ne vaut donc pas une dizaine, et l'on peut compter sur l'exactitude des 3 premiers chiffres du nombre, ou sur 8270 à une dizaine près.

Soit 36,96532, calculé avec une erreur relative moindre que 0,0001 ; quelle est la limite de l'erreur absolue, et sur combien de chiffres peut-on compter.

R. L'erreur absolue est sensiblement $36,96532 \times 0,0001$ ou 0,003696532 ; elle ne vaut pas un centième, et l'on peut compter sur l'exactitude des 4 premiers chiffres du nombre, ou sur 36,96 à un centième près.

Soit encore le nombre $\frac{1}{3}$ obtenu avec une erreur relative moindre que $\frac{2}{25}$.

L'erreur absolue sera inférieure à $\frac{1}{3} \times \frac{2}{25}$ ou à $\frac{2}{75}$ et l'on pourra compter sur la valeur $\frac{1}{3}$ à $\frac{2}{75}$ près, c'est-à-dire, sur le plus grand nombre de fois que $\frac{2}{75}$ est contenu dans $\frac{1}{3}$.

Soit x ce nombre de fois $\frac{2}{75}$; on a :

x f. $\frac{2}{75} < \frac{1}{3} < (x + 1)$ f. $\frac{2}{75}$ ou $x \times \frac{2}{75} > \frac{1}{3} > (x + 1) \times \frac{2}{75}$ d'où $x < \frac{1}{3} : \frac{2}{75} < (x + 1)$ ou $x < \frac{75}{6} < x + 1$. Comme x est évidemment égal au plus grand nombre entier contenu dans $\frac{75}{6}$, lequel est 12; il s'ensuit qu'on peut compter sur $12 \times \frac{2}{75} = \frac{24}{75} = \frac{8}{25}$: on peut compter sur $\frac{8}{25}$ à $\frac{2}{75}$ près.

Soit proposé de prendre le nombre 38,708432 à $\frac{1}{2000}$ près.

Le rapport de l'erreur absolue au nombre approché (*pris sensiblement pour le nombre exact*) devant être plus petit que $\frac{1}{2000}$, si on suppose que le numérateur de ce rapport soit 1, le dénominateur devra être plus grand que 2000, et ce sera *la seule condition imposée*. On peut donc satisfaire à ces conditions par $\dfrac{0,01}{38,76} = \dfrac{1}{3876}$

Ainsi on prendra 38,76, c'est-à-dire. le nombre proposé à moins d'un centième près.

Soit proposé de prendre 14,3894 avec une erreur relative moindre qu'un deux-millième $\left(\frac{1}{2000}\right)$. Le rapport de l'erreur absolue au nombre approché devrait être inférieur à $\frac{1}{2000}$, si on suppose que le numérateur de ce rapport soit 1 (Cette unité étant de l'ordre du dernier chiffre à droite du nombre approché) le dénominateur devra être plus grand que 2000, et ce sera la seule condition imposée; on y peut satisfaire par $\dfrac{0,001}{14,389}$ ou $\dfrac{1}{14389}$ on prendra donc le nombre 14, 389, c'est-à-dire, le nombre proposé, à moins de 0,001 près.

On demande le produit 53,487962 par 489,897664, avec une erreur relative moindre que 0,0001 $\left(\frac{1}{10000}\right)$. Le rapport entre l'erreur absolue et le nombre approché doit être inférieur à $\frac{1}{10000}$; si donc le numérateur de ce rapport est 1 (unité de l'ordre du dernier chiffre à droite du nombre approché), le dénominateur devra être supérieur à 10000, ce ne pourra donc pas être un nombre ae moins de cinq chiffres. Ici la partie entière du produit, nécessairement plus grande que 50×400, qui a cinq chiffres, aura, à plus forte raison, cinq chiffres; donc on en peut conclure que le cinquième à partir de la gauche est le chiffre des unités, et que le produit demandé n'a besoin d'être calculé qu'à une unité près. Cette remarque est importante, car elle permettra d'employer la méthode de la multiplication abrégée, à faire le produit disposé ci-dessous, à une unité près :

53,4879	On trouve que le produit demandé, avec une
708,984	erreur relative moindre que 0,0001, est 26203, ob-
————	tenu à une unité près par défaut.
2139516	
427896	**Remarque.** — Nous avons, pour la commodité
48132	du raisonnement, supposé le numérateur du rapport
4272	de l'erreur absolue au nombre demandé égal à 1;
477	or il est toujours facile de renfermer le rapport de
35	deux nombres entre deux autres rapports ayant pour
————	numérateur l'unité. Soit $\frac{7}{3145}$, le rapport de 7 à
26203,28	3145 : on divisera les deux termes par 7, numé-

rateur du rapport, et l'on trouvera que $\frac{7}{3145}$ est compris entre $\frac{1}{449}$ et $\frac{1}{450}$ le quotient de 3145 divisé par 7 étant compris entre 449 et 450.

§ 3. Erreurs relatives correspondantes des données du résultat.

141. — Lorsque les facteurs d'un produit sont donnés ou calculés avec des erreurs relatives déterminées, quelle est l'erreur relative correspondante du produit ?

Soit d'abord un produit de deux facteurs 35 et 11, dont l'un, 35, est approché pour 37, et l'autre, 11, est exact ; on aura : 35×11 au lieu de 37×11. L'erreur absolue du facteur approché est 2, par défaut, et l'erreur relative $\frac{2}{37}$.

Nous pouvons figurer ainsi le produit approché : $(37 - 2) \times 11 = 37 \times 11 - 2 \times 11$; le produit exact eût été 37×11. Il y a donc une erreur absolue par défaut égale à 2×11, en sorte que l'erreur relative est pour le produit $\frac{2 \times 11}{37 \times 11}$ et $\frac{2}{37}$, c'est-à-dire, *la même que celle du facteur inexact.*

Soit le produit de deux facteurs inexacts : 35×8, au lieu de 37×11. Les erreurs absolues par défaut sont 2 et 3, et les erreurs relatives $\frac{2}{37}$ et $\frac{3}{11}$.

Le produit approché doit être 35×8 ; si je fais le produit 35×11 ou $(37 - 2) \times 11$, lequel est $37 \times 11 - 2 \times 11$, comme je multiplie par 11 au lieu de multiplier par 8, je répète 37 trois fois de trop, et je retranche aussi 2 trois fois de trop. Pour revenir au produit 35×8 il faut donc diminuer le précédent de 37×3 et l'augmenter de 2×3 ce qui fera $37 \times 11 - 2 \times 11 - 37 \times 3 + 2 \times 3$. Si l'on compare ce résultat à 37×11, qui serait le produit exact, on trouvera pour l'erreur absolue 2×11 et 37×3, le tout par défaut, plus 2×3, par excès. L'erreur relative est donc $\frac{2 \times 11}{37 \times 11}$ et $\frac{37 \times 3}{37 \times 11}$ ou $\frac{2}{37}$ et $\frac{3}{11}$ soit $(\frac{2}{37} + \frac{3}{11})$ par défaut, ou $-(\frac{2}{37} + \frac{3}{11})$; il faut encore y joindre $\frac{2 \times 3}{37 \times 11} = \frac{2}{37} \times \frac{3}{11}$; or $\frac{2}{37} \times \frac{3}{11}$ est le produit des erreurs relatives des facteurs, erreur par excès qu'il faut par conséquent déduire de la somme des précédents. On voit donc que l'erreur relative du produit est la somme des erreurs relatives des facteurs, moins le produit de ces mêmes erreurs, et comme ce produit de fractions très-petites, en général, peut se négliger, on dit que *l'erreur relative d'un produit de deux facteurs est sensiblement égale à la somme des erreurs relatives de chaque facteur, quand elles sont de même sens.*

Si les erreurs relatives des facteurs étaient de sens contraire en négligeant leur produit, on pourrait établir que l'erreur du produit est la différence des erreurs relatives des facteurs, et de même sens que la plus grande.

EXEMPLE. — On fait le produit approché 44×53 au lieu du produit exact 41×55. Les erreurs relatives sont : $+\frac{3}{41} - \frac{2}{55}$. Le produit approché $44 \times 53 = (41 + 3) \times (55 - 2) = 41 \times 55 + 3 \times 55 - 41 \times 2 - 3 \times 2$; ainsi la différence entre 44×53, produit approché, et 41×55, produit vrai, est $+ 3 \times 55 - 41 \times 2 - 3 \times 2$, c'est l'erreur absolue; L'erreur relative est donc $+\frac{3 \times 55}{41 \times 55} - \frac{41 \times 2}{41 \times 55} - \frac{3 \times 2}{41 \times 55}$ ou $+\frac{3}{41} - \frac{2}{55} - \frac{3}{41} \times \frac{2}{55}$, ou bien, en négligeant le produit des erreurs relatives $+\frac{3}{41} - \frac{2}{55}$ c. q. f. d.

NOTA. — Si on avait plus de deux facteurs, on verrait facilement que l'erreur relative du produit est la somme des erreurs relatives des facteurs, quand elles sont de même sens, ou la différence entre la somme des erreurs par excès et la somme des erreurs par défaut, quand elles sont de sens contraire, et de même sens que la plus grande de ces deux sommes.

142. — Le carré d'un nombre étant le produit de deux facteurs égaux à ce nombre, l'erreur relative du carré sera l'erreur relative de la racine répétée deux fois. Généralement, l'erreur relative d'une puissance N^{me} d'un nombre, sera l'erreur relative de ce nombre répétée N fois.

De même l'erreur relative d'une racine N^{me} d'un nombre sera égale à l'erreur relative de ce nombre divisée par N.

143. — S'il s'agit d'un quotient, on remarquera que le dividende étant le produit du diviseur multiplié par le quotient, l'erreur relative au dividende est la *somme* ou la *différence* des erreurs relatives au diviseur et au quotient; par conséquent, l'erreur relative au quotient est susceptible d'être égale à la différence entre les erreurs relatives du dividende et du diviseur, et, au plus, égale à leur somme. Si dans le doute, on regarde l'erreur relative du quotient, comme *égale à la somme des erreurs relatives du dividende et du diviseur,* on sera toujours sûr de rester dans les *limites* de cette erreur.

Applications.

144. — On demande le produit $453,8457 \times 3,14159...$ avec une erreur relative moindre que $0,001$.

Il suffira que l'erreur relative à chaque facteur soit moindre que $\frac{1}{2000}$; nous ferons le produit $453,8 \times 3,141 = 1425,3858$.

Si on voulait faire usage de la méthode abrégée pour la multiplication, on dirait : le produit 453,8457 × 3,14159 a au moins 4 chiffres entiers ; une erreur relative moindre que 0,001 correspond à une erreur absolue qui peut valoir une ou plusieurs unités : donc, nous n'atteindrons pas l'erreur relative de 0,001 en faisant le produit demandé par la méthode abrégée, avec une erreur absolue moindre qu'une unité, c'est-à-dire, à une unité près ; de là la multiplication suivante qui donnera 1425,67, ou 1426 à une unité près, et par suite avec une erreur relative moindre que 0,001.

$$
\begin{array}{r}
453,84 \\
514\ 13 \\
\hline
1361\ 52 \\
45\ 38 \\
18\ 12 \\
45 \\
20 \\
\hline
1425,67
\end{array}
$$

ou **1426** en forçant à une unité près.

Soit demandé le quotient 78,5446 : 3,144592... avec une erreur relative moindre que 0,0001.

L'erreur relative du quotient ne saurait, en aucun cas, dépasser la somme de celles du dividende et du diviseur ; convenons pour plus de commodité et de sûreté, de la regarder comme égale à leur somme. Alors les erreurs relatives du dividende et du diviseur doivent valoir chacune moins de $\frac{1}{20000}$ et nous ferons la division 78,544 : 3,1445 = 25.

$$
\begin{array}{r|l}
7854160 & 3,144592 \\
\cline{2-2}
1570976 & 25,000 \\
0000181 &
\end{array}
$$

En employant la méthode de la division abrégée nous aurions dû faire la division à à 0,001 près, et nous aurions fait la division ci-contre :

Sur quelle approximation peut-on compter on faisant le quotient de 23ᵏ 760 par 7,788..., l'un de ces deux nombres étant le poids d'un corps, et l'autre sa densité.

Comme le poids d'un corps divisé par sa densité donne son volume, le volume sera exprimé en décimètres cubes, si nous comptons le poids en kilogr. Il sera exprimé en centimètres cubes si le poids est compté en grammes, et égal à 23760ᶜᶜ· divisé par 7,788... Or, l'erreur relative du diviseur est $\frac{1}{7788}$, ce sera celle du quotient, puisque le dividende est exact. Le quotient devra donc être exact dans ses quatre premiers chiffres, car si on a 1 pour le numérateur du rapport de l'erreur absolue au nombre approché, le dénominateur peut aller jusqu'à 1000 sans qu'il en résulte une erreur relative *inférieure* à celle sur laquelle on peut compter. D'ailleurs le quotient de 23760ᶜᶜ· divisé 7,788 ou de 23760000 divisé par 7788, aura quatre chiffres à sa partie entière, on pourra donc compter sur l'exactitude du chiffre des unités, qui sera la quatrième. Ainsi le nombre 7,788... est donné avec une approximation assez grande pour permettre d'obtenir le volume demandé à un centimètre cube près.

CHAPITRE IX.

PROGRESSIONS.

§ 1. Progressions arithmétiques.

145. — *Une progression arithmétique est une suite de nombres dans laquelle on ajoute une quantité constante à l'un d'eux, ou on la retranche, pour former le nombre suivant.*

EXEMPLES :   ÷   1. 3. 5. 7. 9. 13.15...
est une progression arithmétique ; car chacun des *termes,* c'est-à-dire, chacun des nombres qui composent cette suite, s'obtient en ajoutant constamment le nombre 2 au précédent.

÷   18. 15. 12. 9. 6. 3. 0.
est encore une progression arithmétique ; car chacun des termes qui entrent dans cette suite s'obtient en retranchant constamment 3 du précédent.

Le nombre qu'il faut ajouter ou retrancher à un terme d'une progression arithmétique pour obtenir le suivant s'appelle *raison* de la progression.

La progression est dite *croissante* ou *décroissante,* selon qu'il faut ajouter ou retrancher la raison pour passer d'un terme au terme suivant.

D'après ce qui précède, le deuxième terme se compose du premier plus une fois la raison (progression croissante) ; le troisième, obtenu en ajoutant encore la raison, vaut le premier plus deux fois la raison ; le quatrième, obtenu en ajoutant de nouveau la raison, vaut le premier plus trois fois la raison, etc.

Donc 1° *Un terme quelconque d'une progression croissante vaut le premier terme augmenté d'autant de fois la raison qu'il y a de termes avant ce terme quelconque.*

On démontrerait de même qu'*un terme quelconque d'une progression décroissante vaut le premier terme, moins autant de fois la raison qu'il y a de termes avant ce terme quelconque.*

La somme de deux termes quelconques d'une progression croissante ou décroissante est égale à la somme de deux autres termes pris, l'un immédiatement avant le premier, l'autre immédiatement après le second.

Soit la progression décroissante :

$$\div \quad 17.\ 15.\ 13.\ 11.\ 9.\ 7.\ 5.\ 3\ldots$$

Je dis que la somme $15 + 5$ égale la somme $17 + 3$; en effet, le nombre 15 contient la raison une fois de moins que le nombre 17 ; mais, par compensation, le nombre 5 la contient une fois de plus que le nombre 3 : donc $15 + 5 = 17 + 3$.

Allant ainsi de proche en proche, on prouverait que $13 + 7 = 15 + 5 = 17 + 3$; que $11 + 9 = 13 + 7 = 15 + 5 = 17 + 3$. Ce qui peut s'énoncer ainsi.

2° *La somme de deux termes pris à égale distance du premier et du dernier est justement égale à la somme du premier et du dernier.*

On pourrait établir, en raisonnant comme ci-dessus, que le double d'un terme quelconque est égal à la somme des deux termes qui l'entourent. Ainsi 2 fois $11 = 13 + 9$.

Faisons la somme des termes de la progression ci-dessus deux fois, mais dans un ordre différent, nous aurons :

$$17 + 15 + 13 + 11 + 9 + 7 + 5 + 3$$
$$3 + 5 + 7 + 9 + 11 + 13 + 15 + 17$$

En réunissant ces deux sommes, partie par partie, et en remarquant que la somme de deux termes écrits l'un sur l'autre, comme $15 + 5$, $13 + 7$, est celle de deux termes pris à égale distance du premier et du dernier, nous trouvons que le *double* de la somme des termes d'une progression se compose de la somme du premier et du dernier, répétée autant de fois qu'il y a de termes dans la progression ; par conséquent, il faut prendre la moitié de ce résultat, pour avoir simplement la somme des termes de la progression. De là :

3° *Pour avoir la somme des termes d'une progression, ajoutez le premier au dernier, multipliez la somme obtenue par le nombre des termes, et prenez la moitié du produit.*

La règle précédente revient (17-2°) à prendre la moitié de la somme du premier et du dernier terme, et à multiplier ce résultat par le nombre des termes ; et cela prouve que la demi-somme des termes extrêmes est une moyenne arithmétique entre tous les termes (127).

Remarque. Dans l'application de la règle précédente, on observera qu'une des règles données plus haut (1°) permet de trouver la valeur du dernier terme, quand on connaît le premier et la raison.

146. — En représentant par a le premier terme d'une progression, par l le terme $n^{\text{ème}}$, par r la raison, et par s la somme, on a les formules : $l = a + (n - 1) \times r$ (1°), et de celle-là on tire :

$$r = \frac{l - a}{n - 1} ; \quad s = \frac{a + l}{2} \times n \ (3°).$$

Applications.

147 — Entre 2 et 25, insérer 6 moyens termes, de manière à former une progression de 8 termes qui commence par 2 et finisse par 25.

Le huitième et dernier terme, 25, est égal au premier plus sept fois la raison (1°) ; donc si on retranche le premier terme du dernier, la différence $25 - 2$ ne vaudra plus que sept fois la raison, par conséquent $\frac{25-2}{7}$ égalera la raison. Cette raison une fois obtenue, on l'ajoutera au premier terme pour avoir le deuxième; on l'ajoutera au deuxième pour avoir le troisième, etc.

On aura la progression :

$$\div 2 \cdot 5\tfrac{2}{7} \cdot 8\tfrac{4}{7} \cdot 11\tfrac{6}{7} \cdot 15\tfrac{1}{7} \cdot 18\tfrac{3}{7} \cdot 21\tfrac{5}{7} \cdot 25.$$

Ainsi, *on obtient la raison d'une progression croissante en retranchant le premier terme du dernier, et en divisant la différence par le nombre total des termes diminué de un.*

Si la progression est décroissante, on peut prendre le dernier pour le premier et réciproquement, et appliquer la même règle.

Des hirondelles voyagent ensemble sur 15 rangs ; 1 hirondelle occupe le 1er rang, 2 hirondelles le 2e rang, 3 hirondelles le 3e rang, et ainsi de suite. Quel est le nombre de ces hirondelles ?

C'est la somme des termes d'une progression de 15 termes, dont le premier terme est 1 et la raison 1. Le dernier est $1 + 14 \times 1$ ou $1 + 14$, soit 15. La somme est (3°) $\frac{1 + 15}{2} \times 15 = 8 \times 15 = 120$.

§ 2. Progressions par quotient.

148. — *Une progression par quotient ou géométrique est une suite de nombres dans laquelle on multiplie l'un d'eux par une quantité constante appelée raison, pour former le nombre suivant.*

Si la raison est plus grande que l'unité, la progression est croissante; si la raison est une fraction, la progression est décroissante.

Exemples :

$$\div 2 : 4 : 8 : 16 : 32 : 64 : 128\ldots$$
$$\div 27 : 9 : 3 : 1 : \tfrac{1}{3} : \tfrac{1}{9} : \tfrac{1}{27} : \tfrac{1}{81}\ldots$$

La raison de la première est 2 ; la raison de la seconde est $\tfrac{1}{3}$.

Le deuxième terme se compose du premier multiplié par la raison ; le troisième s'obtient en multipliant encore le deuxième par la raison, il égale donc le premier multiplié par la raison prise deux fois comme facteur, c'est-à-dire, par la deuxième puissance de la raison ; le quatrième égale le premier multiplié par la troisième puissance de la raison, etc.

Donc 1° *Un terme quelconque d'une progression géométrique vaut le premier multiplié par une puissance de la raison dont l'exposant égale le nombre des termes qui sont avant ce terme quelconque.*

Soit la progression :

$$\div 2 : 6 : 18 : 54 : 162 : 486\ldots$$

Faisons la somme de ses termes :

$$2 + 6 + 18 + 54 + 162 + 486\ldots$$

Multiplions par la raison 3 chacun des termes de cette somme, nous aurons ainsi multiplié la somme par 3, ce qui donnera :

$$2 \times 3 + 6 \times 3 + 18 \times 3 + 54 \times 3 + 162 \times 3 + 486 \times 3\ldots$$

De ce résultat soustrayons la simple somme, nous obtiendrons, comme reste, trois fois la somme moins une fois la somme, soit la somme multipliée par (3—1), c'est-à-dire, multipliée par la raison diminuée d'une unité.

D'ailleurs il y a des termes communs dans les deux sommes à soustraire l'une de l'autre, et nous avons fait correspondre ces termes dans les deux lignes ci-dessous :

$$2 \times 3 + 6 \times 3 + 18 \times 3 + 54 \times 3 + 162 \times 3 + 486 \times 3$$
$$2 + 6 + 18 + 54 + 162 + 486$$

Ces termes communs se détruisant par la soustraction, il restera

$$486 \times 3 - 2$$

Voilà ce qui représente la somme multipliée par la raison diminuée de un (3—1). La valeur de la somme égale donc ce résultat divisé par (3—1) :

$$\frac{486 \times 3 - 2}{3 - 1} = \text{la somme.}$$

D'où : 2° *Pour avoir la somme des termes d'une progression géo-métrique croissante, multipliez le dernier terme par la raison, re-tranchez du produit le premier terme, et divisez le reste par la raison diminuée de un.*

Si la progression est décroissante, prenez le dernier pour le pre-mier et réciproquement, et divisez la différence par l'unité moins la raison.

149. — En représentant le premier terme par a, la raison par q, le dernier terme par l, le nombre des termes par n, et par s leur somme on obtient les formules : $l = a\,q^{\,n-1}$ (1°)

$$\text{d'où : } q = \sqrt[n-1]{\frac{l}{a}} \quad \text{et, } s = \frac{l\,q - a}{q - 1} \quad \text{ou} \quad \frac{a - l\,q}{1 - q} \ (2°)$$

Applications.

150. — Insérer entre 1 et 10 trois moyens termes, de manière à former une progression géométrique commençant par 1 et finissant par 10 et ayant cinq termes.

Le dernier égalera le premier, 1, multiplié par la quatrième puissance de la raison (1°), autrement dit la quatrième puissance de la raison sera égale à $\frac{10}{1}$, et la raison sera la racine quatrième de ce quotient. La raison une fois obtenue, il sera facile d'achever la proportion.

Ainsi pour avoir la raison d'une progression géométrique, on divise le dernier terme par le premier, et la raison est égale à une racine du quotient obtenu, ayant pour indice le nombre total des termes de la progression moins un.

Un mathématicien propose de vendre son cheval ferré de 24 clous, à raison 1 centime pour le 1er clou, 2 centimes pour le 2e clou, 4 centimes pour le 3e, et ainsi de suite, en doublant toujours les centimes. L'acheteur fera-t-il un bon marché ?

Le prix cherché est un nombre de centimes égal à la somme des termes d'une progression géométrique dont le premier terme est 1, la raison 2, et le nombre des termes 24.

Le dernier terme serait 2^{23} ; en le multipliant par la raison 2 on a $2^{23} \times 2 = 2^{24} = 16777216$; il faut retrancher de ce nombre le premier terme qui est 1, il reste 16777215, qu'il faut diviser par la raison diminuée de 1 (2°) soit par 1, car $2 - 1 = 1$; ce qui laissera le résultat tel qu'il est. Le cheval serait donc vendu 16777215 centimes ou $167772^f,15^c$.

§ 3. **Notice sur les Lagarithmes.**

151. — Si l'on fait correspondre les termes de la progression arithmétique

$$\div\ 0,\ 1.\ 2.\ 3.\ 4.\ 5.\ 6\ldots$$

à ceux de la progression géométrique

$$\div\ 1\ .\ 10 : 100 : 1000 : 10000 : 100000 : 1000000$$

que l'on peut écrire :

$$\div\ 1 : 10 : 10^2 : 10^3 : 10^4 : 10^5 : 10^6\ldots$$

On aura :

$$1 : 10 : 10^2 : 10^3 : 10^4 : 10^5 : 10^6\ldots$$
$$0.\ 1.\ 2.\ 3.\ 4.\ 5.\ 6.\ \ldots$$

et chaque terme de la progression arithmétique est dit le logarithme du terme correspondant de la progression géométrique.

Il est facile de remarquer que si on multiplie l'un par l'autre deux termes de la progression géométrique, par exemple : $10^2 \times 10^4 = 10^6$, le produit a pour logarithme la somme 6, des logarithmes des facteurs. C'est là la propriété fondamentale des logarithmes.

On en déduit aisément les principes suivants :

1° *Le logarithme d'un produit de plusieurs facteurs est égal à la somme des logarithmes des facteurs ;*

2° *Le logarithme d'un quotient est égal au logarithme du dividende moins le logarithme du diviseur.*

3° *Le logarithme d'une puissance d'un nombre s'obtient en multipliant le logarithme de ce nombre par l'exposant de la puissance;*

4° *Le logarithme d'une racine d'un nombre s'obtient en divisant le logarithme du nombre par l'indice de la racine.*

Concevons actuellement qu'on insère assez de termes entre chaque terme de la première progression, et qu'on la pousse assez loin pour qu'elle soit sensée contenir, exactement ou très-approximativement, tous les nombres depuis 1, jusqu'à une certaine limite, jusqu'à 108000, par exemple.

On insèrera, à mesure, le même nombre de termes dans la seconde progression, pour servir de logarithmes à ceux de la première.

Le livre contenant ces résultats sera un véritable dictionnaire, qu'il suffira d'ouvrir à l'endroit d'un logarithme, pour lire, à côté, le nombre correspondant, ou à l'endroit d'un nombre, pour lire, à côté, le logarithme correspondant.

Pour se servir de ce livre appelé *Tables de logarithmes,* il suffit de savoir résoudre les deux questions suivantes :

1° *Etant donné un nombre trouver son logarithme;*

2° *Etant donné un logarithme trouver le nombre correspondant.*

Toutes les tables de logarithmes donnant ces deux solutions avec de grands développements, il serait superflu de nous y arrêter ici.

Nous ne nous sommes proposé que de mentionner les tables de logarithmes, et d'indiquer les usages qu'on en peut faire.

La théorie des logarithmes appartient à l'algèbre; mais on peut se servir des logarithmes sans en connaître la théorie.

Nous recommandons à ceux qui voudraient user des tables de logarithmes pour les questions que nous allons exposer brièvement, de recourir de préférence à celles de M. Hoüel.

§ 4. Intérêts composés. — Annuités.

152. — Une somme est placée à intérêts composés quand, à des époques fixes, tous les ans, par exemple, ou tous les six mois, les intérêts s'ajoutent au capital, pour former un capital plus gros qui portera intérêt pendant la période suivante.

On place 2000 fr. à intérêts composés à 6 0/0 pendant 5 ans, les intérêts capitalisant tous les ans. Quelle somme retirera-t-on au bout des 5 ans?

100 fr. rapportant 6 fr. dans un an, 1 fr. rapportera 100 fois moins, soit 0,06, et, après un an, 1 fr. augmenté de ses intérêts sera $1^f,06$; il est clair que 2000 fr. donneront un résultat 2000 fois plus fort, ou $2000 \times 1,06$: c'est ce qu'on aura après un an. Or, si on place ce nouveau capital pendant la seconde année, il deviendra lui-même, avec ses intérêts, un nombre égal à $1^f,06$ multiplié par $2000 \times 1,06$, soit : $2000 \times 1,06 \times 1,06 = 2000 \times (1,06)^2$. Ce nouveau capital placé pendant la troisième année, fournit une somme égale à $1^f,06$ multiplié par $2000 \times (1,06)^2$, soit $2000 \times (1,06)^2 \times 1,06 = 2000 \times (1,06)^3$, et ainsi de suite. Après cinq ans on aura :

$$2000 \times (1,06)^5 = 2676^f,50.$$

153. — Si on désigne par a le capital placé, par r l'intérêt de 1 franc pendant la période convenue pour faire capitaliser les intérêts, par n le nombre de périodes, et par A le résultat fourni, on obtient

$$A = a \times (1 + r)^n$$

d'où : $\log A = \log a + n \times \log (1 + r)$ et par suite :

$$\log a = \log A - n \times \log (1 + r)$$

$$\log (1 + r) = \frac{\log A - \log a}{n}$$

$$n = \frac{\log A - \log a}{\log (1+r)} \cdot$$

Il n'y aura qu'à remplacer les lettres par les valeurs particulières données dans le problème, et on pourra, à l'aide de ces formules, résoudre toutes les questions relatives aux intérêts composés.

Si le capital est placé à intérêts composés pendant un nombre n de périodes, plus une fraction de période, le plus simple sera de calculer le résultat pour les n périodes, par la formule, puis de calculer l'intérêt simple de ce résultat pour la fraction de période, et d'ajouter cet intérêt simple au résultat.

Ainsi, si on demandait ce que deviennent 2000 fr. placés à intérêts composés à 6 0/0 pendant 5 ans et 7 mois, on aurait d'abord pour 5 ans :

$$2000 \times (1{,}06)^5 = 2676^f{,}50$$

puis, on prendrait l'intérêt de $2676^f{,}50$ pendant 7 mois, savoir :

$$\frac{2676{,}50 \times 6 \times 7}{1200} = \frac{2676{,}50 \times 7}{200} = 93^f{,}68$$

et on l'ajouterait à $2676^f{,}50$; on aurait ainsi $2770^f{,}18$.

154. — On verse une somme de 500 fr. au commencement de chaque année, pendant 8 ans, et on laisse les intérêts capitaliser tous les ans. Quelle somme aura-t-on à la fin ? Le taux est 3 0/0.

Chaque versement est augmenté de ses intérêts composés, savoir : le premier, pour 8 ans ; le deuxième, pour 7 ans; le troisième, pour 6 ans.... le huitième pour 1 an.

On aura donc finalement la somme :

$$500{\times}(1{,}03)^8 + 500{\times}(1{,}03)^7 + 500{\times}(1{,}03)^6 + 500{\times}(1{,}03)^5 +$$
$$500{\times}(1{,}03)^4 + 500{\times}(1{,}03)^3 + 500{\times}(1{,}03)^2 + 500{\times}(1{,}03)$$

Cette série de nombres forme une progression géométrique croissante, en allant de droite à gauche : le premier terme en est $500 \times (1{,}03)$, le dernier $500 \times (1{,}03)^8$, et la raison $1{,}03$.

Par conséquent la somme égale :

$$\frac{500 \times (1{,}03)^8 \times (1{,}03) - 500{\times}(1{,}03)}{1{,}03 - 1} = \frac{500{\times}(1{,}03)\,[(1{,}03)^8 - 1]}{0{,}03}$$

(en mettant $500 \times (1{,}03)$ en facteur commun, et en effectuant la soustraction au dénominateur.)

155. — Si on réprésentait la somme versée par a, le nombre d'années par n, l'intérêt d'un franc par r, et la somme produite par s, on obtiendrait la formule générale :

$$s = \frac{a \times (1 + r) \left[(1 + r)^n — 1 \right]}{r}$$

d'où : $\log s = \log a + \log (1 + r) + \log \left[(1 + r)^n — 1 \right] — \log r.$
et par suite :

$\log a = \log s — \log (1 + r) — \log \left[(1 + r)^n — 1 \right] + \log r.$

156. — Un notaire ayant acheté une étude pour s francs, convient de s'acquitter par n paiements égaux faits à la fin de chaque année, pendant n années. Quelle somme a devra-t-il verser chaque année.

Chaque versement est augmenté de ses intérêts composés, sauf le dernier ; le 1er pour $(n — 1)$ année, le 2° pour $(n — 2)$ années, etc.

Le notaire versera donc en réalité la somme :

$$a \times (1 + r)^{n-1} + a \times 1 + r)^{n-2} + a \times (1 + r)^{n-3}$$
$$\dots \dots + a \times (1 + r) + a$$

série formant une progression géométrique croissante, en allant de droite à gauche, le premier terme est a, le dernier $a \times (1 + r)^{n-1}$, la raison $(1 + r)$; donc la somme est donnée par la formule :

$$\frac{a (1 + r)^{n-1} \times (1 + r) — a}{r} = \frac{a \left[(1+r)^n — 1 \right]}{r}$$

d'ailleurs cette quantité doit être égale à la somme s, avec ses intérêts composés, d'où :

$$s \times (1 + r)^n = \frac{a \times \left[(1 + r)^n — 1 \right]}{r} \; ; \text{ d'où encore :}$$

$s \times r \times (1 + r)^n = a \times \left[(1 + r)^n — 1 \right]$ et par suite :

$$a = \frac{s \times r \times (1 + r)^n}{(1 + r)^n — 1}, \text{ et : } \log a = \log s + \log r + n \log (1 + r)$$
$$— \log \left[(1 + r)^n — 1 \right].$$

FIN

EXERCICES ET PROBLÈMES.

I. — Addition des nombres entiers.

1°	3°	4°
37864	3625	699107112
8952	403	3112400
7589	3681	81047196
2435	388	12597200
198457	1232	22970517
6874	136	369862025
27348	1514	14366013
	159	151092532
2°	572	
407	64	
343	642	
236	68	
396	1495	
371	167	
502	1763	
407	187	
268	499	
572	56	
679	498	

5° $57969 + 28545 + 324 + 661669 + 3009 + 8441 + 3997 + 28644 + 35201 + 201079.$

6° $49469828 + 8370753 + 52374288 + 69455784 + 86595679 + 88763254 + 29697807 + 53897.$

7° A l'exposition universelle de 1867, au Champ-de-Mars, la France occupait 61384 mètres carrés; la Grande-Bretagne en occupait 21653; la Prusse, 7880; l'Autriche 7880; l'Allemagne du Sud 7879; la Belgique 6881; l'Italie 3249; les Etats-Unis 2867; la Russie 2853; la Suisse 2961; les Pays-Bas 1897; la Suède et la Norvège 1823; le Brésil et les Républiques Américaines 1808; l'Espagne 1664; la Turquie 1426; le Maroc et Tunis 1030; la Chine, le Japon et Siam 792; la Grèce 713; le Danemarck 751; la Perse 713; Rome 554; les Principautés-Unies 554; l'Egypte 396. Quelle était l'étendue totale occupée par ces diverses nations ?

8° En 1861 on comptait en France pour les 89 départements 7294764 maisons entièrement habitées, 154030 habitées en partie, 184144 complètement inhabitées. Combien y avait-il de maisons dans les 89 départements ?

9° La même année on comptait en France 36490891 catholiques; 802339 protestants, 79964 israélites, 1295 appartenant à d'autres cultes non chrétiens, et 11824 dont on n'a pu constater le culte. Combien y avait-il d'habitants en France ?

10° Il a été exporté de Russie en 1865 pour 61313331 roubles (4 fr.) de céréales, 25950032 r. de lin, 16022663 r. de laines, 14821079 r. de graine de lin, 11752308 r. de suif, 11003139 r. de chanvre, 9392595 r. de bois divers, 3387790 r. de soies de porc, 2600954 r. de bétail, 1910132 r. d'étoupes de lin, et 1778457 r. de soies. A combien de roubles s'évalue l'exportation ?

II. — Soustraction des nombres entiers.

1° 83475532
    12782135

2° 34380748
    27598943

3° 10010320
    1369382

4° 1000000
    198537

5° Soustraire 18954335 de 21938307

6° Soustraire 6304051 de 164902061

7° Faire la soustraction 184427247 — 6695582.

8° Faire la soustraction 144174700 — 3518761.

9°. Le chiffre des recettes d'une ville s'élève à 3218158 fr., et celui des dépenses à 3180792 fr. Quelle est la différence entre les recettes et les dépenses ?

10°. Un industriel gagne annuellement 7613 fr. ; il en dépense 5985, et économise le reste. Quel est le chiffre de ses économies annuelles ?

11° Les revenus de la douane russe ont été en 1865 de 27544157 roubles ; ils étaient, en 1864, de 29365434 roubles. Quelle a été la diminution de ces revenus d'une année à l'autre ?

12° En 1854, il y a eu sur le chemin de fer d'Orléans 400434 voyageurs de 1re classe, 535512 voyageurs de 2me de classe, et 2390004 voyageurs de 3me classe. Y a-t-il eu plus de voyageurs dans la 3me classe que dans les deux autres réunies, ou est-ce le contraire qui a eu lieu, et combien y en a-t-il eu ?

13° Louis XIV monta sur le trône en 1643 ; il mourut en 1715. Combien d'années a-t-il régné ?

14°. Un négociant achète pour 5210 fr. de marchandises, et verse 895 fr. entre les mains du vendeur. Quelle somme doit-il encore ?

15°. En 1866, la dette publique de l'Angleterre était de 19665269875 fr.; celle de la France, de 12315946749 fr. De combien l'une dépasse-t-elle l'autre ?

16°. Les dépenses totales du budget de France étaient en 1867 de 1902111370; fr.; celles d'Angleterre, de 1647858925 fr. Où les dépenses sont-elles les plus fortes et de combien ?

III. — Multiplication des nombres entiers.

Faire les multiplications suivantes :

1° 453857
    698

2° 8276000
    58400

3° 670045
    97005

4° 9800763
    200009

5° 230×109 **6°** 9990×2100 **7°** 349587×96000 **8°** $2108009 \times$ 2518905   **9°** 516062089×410098 **10°** 256099854×2859005

11. En admettant qu'il se soit écoulé depuis le commencement de l'ère chrétienne juste 1427 années communes, composées de 365 jours, et 442 années bissextiles, composées de 366 jours : on demande combien il s'est écoulé de jours, combien d'heures, combien de minutes et combien de secondes? Le jour se compose de 24 heures, l'heure de 60 minutes, et la minute de 60 secondes.

12. — Un propriétaire de vignes a récolté 65 tonneaux de vin. On sait que le tonneau contient 4 barriques, la barrique 228 litres, et que le litre se vend 2 francs. Que vaut la récolte de ce propriétaire ?

13. — La distance du pôle à l'équateur a été évaluée à 5130740 toises. Combien cette distance contient-elle de pieds, pouces et lignes, sachant qu'une toise vaut 6 pieds, un pied 12 pouces, et un pouce 12 lignes ?

14. — Une locomotive parcourt 775 mètres en une minute ; combien de mètres aura-t-elle parcourus après 6 heures 56 minutes ?

15. — La lumière met 8 minutes 18 secondes à venir du soleil à la terre ; elle parcourt 298000 kilomètres par seconde : calculer la distance de la terre au soleil ?

16. — La distance au soleil de l'étoile la plus voisine est 206265 fois la distance de la terre au soleil : cette dernière vaut 23280 fois le rayon équatorial de la terre, lequel a une longueur de 6377398. Quelle est en mètres la distance de l'étoile au soleil ?

17. — Un particulier a acheté une propriété de 2778 hectares pour 3887210 fr. il les a ensuite vendus, savoir : 229 hectares à 7980 fr. l'hect., 474 hect, à 1608 fr., et le reste à 1789 fr. l'hectare. On demande combien il a gagné ?

19. — Un marchand de vin en gros a acheté 3784 hectolitres de vin à 59 fr. l'hectolitre ; et 2387 hectolitres de vin d'une autre qualité à 38 fr. l'hectolitre. Il a mêlé ces deux espèces de vins : le mélange conduit à Paris, il l'a vendu 75 fr. l'hectolitre ; les frais de transport se sont élevés à 3 fr. par hectolitre, et les autres frais à 895 fr. On demande le gain du marchand ?

19. — Un wagon ayant une vitesse de 45 kilom. à l'heure, met 9 heures à faire un certain parcours. Quelle est la longueur de ce parcours ?

20. — Un dictionnaire a 1759 pages, toutes numérotées depuis 1 jusqu'à 1759. Combien a-t-il fallu de caractères pour la pagination ?

21. — L'âge d'un père est aujourd'hui quatre fois plus grand que celui de son fils, et, il y a trois ans, il était sept fois plus grand; trouver l'âge de chacun ?

IV. — Division des nombres entiers.

Faire les divisions suivantes avec la preuve par la multiplication.

1° 2420574293 | 354559   2° 4094783784 | 5439

3° 29382108300 | 453078   4° 2727274742 : 38743.

5° 420036121000 : 83900   6° 30856421 : 9786

7°. La lumière parcourt en 8 minutes 18 secondes, la distance de 148464000 kilomètres, qui séparent le soleil de la terre. Combien parcourt-elle de lieues de 4 kil. en une seconde ?

8°. Une locomotive parcourt sur un chemin de fer 50 kilomètres par heure, combien d'années mettrait-elle à atteindre le soleil, en conservant la même vitesse ?

9°. Un spéculateur avait acheté 2296 hectares de terre à 985 fr. l'hectare ; il a ensuite vendu 458 hectares à 1506 fr. l'hectare, et 819 hectares à 897 fr. l'hectare. On demande combien il devra vendre chaque hectare du reste pour gagner 51399 fr. sur son marché ?

10°. Un héritage se compose : 1° de 475 hectares de terre labourable, estimés 395 fr. l'hectare ; 2° de 546 hectares de bois, vendus 805 fr. l'hectare ; 3° de 84 hectares de pré, vendus 950 fr. l'hectare ; 4° de 132 hectares de vigne, vendus 1850 fr. l'hectare ; 5° de bâtiments divers vendus 53800 fr. ; 6° d'un mobilier, vendu 20370 fr. ; 7° de 225000 fr. en argent ; cet héritage doit être partagé entre 7 enfants et 12 cousins, de manière que chacun des enfants ait 9 fois la part d'un cousin. On demande quelle sera la part de chacun d'eux.

11°. Un propriétaire voulant faire l'acquisition d'une vigne, vendue à raison de 2785 l'hectare, calcule qu'en vendant sa récolte de vin 960 fr. le tonneau, il lui manquera 9300 fr. ; mais qu'en vendant le tonneau 1075 fr., il lui resterait 17610 fr. après avoir payé la vigne. De combien de tonneaux se compose sa récolte, et combien la vigne a-t-elle d'hectares ?

12°. Une fontaine fournit 119 hectolitres d'eau en 7 heures ; une seconde fontaine, 390 hectolitres en 15 heures, et une troisième, 324 en 18 heures. On demande combien ces trois fontaines réunies mettront de jours et d'heures à remplir un bassin de 16470 hectolitres ?

13°. La distance de Paris à Strasbourg est de 126 lieues de 4 kilomètres. A 5 heures du matin un train omnibus quitte Paris pour se rendre à Strasbourg, et un train express quitte Strasbourg pour se rendre à Paris : la vitesse du premier train est 30 kilomètres par heure, celle du second 42 kilomètres. A quelle heure et à quelle distance de Paris la rencontre aura-t-elle lieu ?

14°. Un train express parti de Lyon à 8 heures du matin est arrivé à Paris à 8 heures du soir ; un express parti de Paris à 5 heures du soir est arrivé à Lyon à 2 heures du matin. On demande à quelle heure et à quelle distance de Paris ce dernier train a croisé le premier. La distance de Paris à Lyon est de 126 lieues de 4 kilomètres ?

15°. De 1795 à 1859 inclusivement, on a frappé à l'hôtel des monnaies de Paris 270315518 pièces de 20 francs et de 10 francs. La valeur totale de toutes ces pièces est de 4800615670 fr. Combien a-t-on frappé de pièces de chaque espèce.

16°. Un boucher a acheté à un premier marchand, 19 moutons et 4 bœufs, pour 2750 fr. ; à un second marchand il a acheté pour la même somme, 9 bœufs et 1 mouton de la même valeur que les premiers. A combien lui revient chaque mouton et chaque bœuf ?

17°. Une personne veut mettre un piano en loterie. Si elle met le billet à 8 francs, elle n'obtiendra pas le prix du piano : il lui manquera 350 fr. Mais si elle met chaque billet à 10 fr., elle obtiendra le prix du piano, et 40 fr. de plus. On demande à combien est estimé le piano, et combien il y aura de billets ?

18. — Une mère de famille à qui on demande l'âge de ses deux filles, répond : ma plus jeune fille a cinq fois l'âge qu'elle avait, lorsque l'aînée avait l'âge actuel de la plus jeune ; et quand la plus jeune aura l'âge actuel de l'aînée, elles auront ensemble 44 ans. Quel sont les âges actuels des deux filles ?

19. — Deux trains partent de deux villes distantes de 976 kilomètres ; ils vont dans le même sens, l'un avec une vitesse de 52 kilomètres à l'heure, l'autre avec une vitesse de 30 kilomètres. Ce dernier ne part que 3 heures après le premier. On demande à quelle distance de son point de départ le premier sera rejoint par le deuxième, et quel chemin chacun d'eux aura parcouru.

20. — Partager 11000 francs entre 4 personnes, de manière que la 1re ait autant que la 2e et la 3e ensemble ; que la 2e ait autant que la 3e et la 4e ensemble ; et que la part de la 3e soit le double de celle de la 4e.

V. — Trouver le p. g. c. d. entre les nombres :

1° 771222 et 11968   2° 395460 et 37128   3° 82524 et 41538

4° 49980, 33810, 4116 et 28428

5° 4745520, 445536, 987168 et 931632

6° Décomposer en leurs facteurs premiers les nombres :
5005, 222768, 415380, 1613898, 824640, 4745520,
1809888, 5116488.

7. — Former le plus grand commun diviseur et le plus petit commun multiple des deux premiers, des trois premiers, des quatre premiers des nombres ci-dessus 6°

8. — Trouver le plus petit multiple commun des nombres 99060, 67620, 56840 et 9232, puis leur p. g. c. d.

9. — Trouver le plus petit multiple commun des nombres 41650, 5635, 7105, 1035, puis leur p. g. c. d.

10. — Théorème. Démontrer que le plus petit commun multiple de deux nombres s'obtient en divisant l'un des deux par leur p. g. c. d. et en multipliant ensuite l'autre par le quotient obtenu.

11. — Théorème. Démontrer que le produit de deux nombres divisé par leur plus petit multiple donne leur plus grand commun diviseur.

12. — Théorème. Démontrer que si on divise deux nombres par leur p. g. c. d., la somme des quotients obtenus divisée par le produit de ces mêmes quotients, est égale à la somme des deux nombres divisée par leur plus petit multiple. En déduire la somme et le produit de chaque quotient ; puis, par l'algèbre, chaque quotient ; et, enfin, le p. g. c. d., et les nombres eux-mêmes.

VI. — Addition des fractions ordinaires.

$1° \frac{3}{7} + \frac{4}{5} + \frac{12}{35} + \frac{3}{11} + \frac{19}{44}$　　$2° \frac{5}{8} + \frac{6}{7} + \frac{2}{3} + \frac{73}{84}$　　$3° \frac{111}{351} + \frac{26}{160}$

$4° \frac{77}{253} + \frac{48}{237} + \frac{22}{187}$　　$5° \frac{7}{12} + \frac{5}{8} + \frac{11}{15} + \frac{4}{9} + \frac{13}{27} + \frac{17}{32}$

$6° 82\frac{3}{7} + 118\frac{9}{14} + 36\frac{8}{21} + \frac{37}{35}$　　$7° 2\frac{5}{8} + 6\frac{5}{16} + 4\frac{13}{18} + \frac{3}{4} + 56\frac{25}{72} + 7\frac{2}{9}$

SOUSTRACTION DES FRACTIONS ORDINAIRES.

$1° \frac{3}{4} - \frac{7}{11}$　　$2° \frac{19}{26} - \frac{5}{13}$　　$3° \frac{1805}{2238} - \frac{373}{1492}$　　$4° 15\frac{3}{10} - 9\frac{1}{6}$

$5° 20\frac{3}{8} - 15$　　$6° 150 - 64\frac{5}{12}$　　$7° 32\frac{2}{5} - 25\frac{9}{10}.$

PROBLÈMES SUR L'ADDITION ET LA SOUSTRACTION DES FRACTIONS ORDINAIRES.

1. — Un ouvrage a été fait entre 4 ouvriers de la manière suivante : le 1er en a fait $\frac{2}{7}$, le 2e $\frac{1}{9}$ le 3e $\frac{5}{21}$. Quelle partie de l'ouvrage a été faite par le 4° ?

2. — Si l'ouvrage dont il est question dans le problème précédent a été payé 4347 francs, combien chaque ouvrier a-t-il dû recevoir pour la part qu'il a faite ?

3. — Une personne a perdu les $\frac{3}{7}$ de sa fortune en de fausses spéculations, elle en a perdu les $\frac{5}{11}$ au jeu. Quelle était sa fortune s'il lui reste encore 18387 fr. ?

4° En vendant un cheval 190 fr., on perd les $\frac{2}{7}$ de ce qu'il a coûté. Combien a-t-il coûté ?

5° Deux fontaines peuvent remplir un bassin, la 1re en 2 heures, la seconde en 3 heures, après qu'on les a laissé couler ensemble pendant 1 heure, combien faudrait-il de temps, pour achever de le remplir, à une fontaine qui le remplirait seule en 6 heures ?

VII. — Multiplication des fractions ordinaires.

$1° \frac{3}{7} \times \frac{111}{173}$　　$2° \frac{182}{001} \times \frac{70}{83}$　　$3° \frac{11}{5} \times \frac{200}{20}$　　$4° 281 \times \frac{5}{7}$　　$5° \frac{250}{9} \times 3$

$6° 17\frac{2}{3} \times 4\frac{5}{7}$　　$7° 201\frac{3}{5} \times 7\frac{2}{9}$　　$8° \frac{2}{7} \times \frac{4}{9} \times \frac{8}{13} \times \frac{5}{11}$

DIVISION DES FRACTIONS ORDINAIRES.

$1° \frac{21}{38} : 7$　　$2° \frac{22}{35} : 6$　　$3° 15 : \frac{4}{7}$　　$4° \frac{3}{5} : \frac{2}{9}$　　$5° 7\frac{1}{3} : 3$

$6° 8 : 4\frac{2}{3}$　　$7° 1\frac{1}{2} : 2\frac{1}{4}$

PROBLÈMES SUR LA MULTIPLICATION ET DIVISION DES FRACTIONS.

1° Une barrique de vin a été échangée contre 6 sacs $\frac{2}{3}$ de blé. Combien aura-t-on de blé pour 4 barriques $\frac{1}{2}$ de vin ?

2° Une 1re personne possède 189000 francs ; or on sait que les $\frac{2}{3}$ de l'avoir d'une 2e personne valent les $\frac{17}{125}$ de l'avoir de la 1re. Que possède la 2e personne ?

3° Un particulier achète une maison, et est forcé de la revendre pour les $\frac{2}{5}$ de ce qu'elle lui a coûté ; il perd ainsi 8750 fr. Que lui avait coûté la maison ?

4° Une personne veut partager une pièce de drap de 28 mètres de long en morceaux de $2^m \frac{1}{3}$. Combien aura-t-elle de morceaux ?

5° Par quel nombre faut-il multiplier $\frac{9}{11}$ pour avoir $\frac{1}{3}$?

VIII. — **Nombres décimaux.**

ADDITION ET SOUSTRACTION.

Faire l'addition : $27,4 + 39 + 504,25 + 383,3 + 89,1207 + 86,39 + 74,41 + 83,44.$

Soustraction : 1° 23,048   2° 45,0000   3° 122,09 — 47,20051

          5,009   38,7633   4° 1139 — 548,761

5° 2 — 0,098   6° 0,1 — 0,076   7° 42,274111 — 25,518818

MULTIPLICATION ET DIVISION.

1° $7,097 \times 34$ 2° $0,576 \times 1,069$ 3° $9,0025 \times 87,09.$

4° $0,00005 \times 0,001$ 5° $1,865 \times 59,801.$

1° $92,452 : 0,086$ 2° $27,5689 : 48$ 3° $743 : 0,087$

4° $84,1265 : 1,04$ 5° $0,75632 : 0,6059$

1. — On achète 18^m 50 de toile pour 50 fr. 875 : Combien coûte-t-elle le mètre ? Combien faudrait-il revendre le mètre pour gagner 4 fr. 625 sur ce marché ?

2. — Enoncez les nombres : 0^{Mm} 254 ; 8^{Km} 275 ; 70^{Dm} 386 ; 178^{dm} 07 ; 7^{Hm} 052 4^{Km} 111111 ; 2^{Mm} 105 ; 8^m 9542.

3. — Ecrivez en chiffres : Neuf kilomètres 26 mètres ; trois hectomètres deux mètres ; cent kilomètres deux décamètres ; un myriamètre neuf cent cinquante mètres ; un mètre huit millimètres ; quatre décamètres neuf décimètres.

4. — Exprimez 2457244^m en centimètres, en millimètres, en hectomètres, en myriamètres. — Exprimez 75^{Mm} 28 en kilomètres, en mètres, en centimètres, en décamètres, en décimètres. — Exprimez successivement en kilomètres, mètres, millimètres, décamètres centimètres, hectomètres, les nombres 4^{Mm} 485732 ; 0^{Mm} 0054 ; 1274328645 dixièmes de millimètre.

5. — Reprenez les exercices 3, 4, 5, en supposant après chacun des noms et chacune des abréviations le nom et l'abréviation de *carré*, de manière à substituer les unités de surface aux unités de longueur. Ainsi, par exemple (5) : exprimez 2457244$^{\text{m. q.}}$ en centimètres carrés, en millimètres carrés, en hectomètres carrés, en myriamètres carrés, etc.

6. — Combien y a-t-il d'ares dans 25$^{\text{Hm. q.}}$ 44. — Combien y a-t-il d'hectares en 5784546$^{\text{m. q.}}$ — Combien 0$^{\text{Mm. q.}}$ 25678 valent-ils de centiares ?

7. — Combien paiera-t-on une vigne de 32 hectares, 8 ares, 6 centiares, achetée à raison de 0,85 le mètre carré ?

8. — Ecrivez en un seul nombre : 5 hectares, 7 ares, 8 centiares, 5 décimètres carrés, en prenant pour unité l'hectare.

9. — ... mètres cubes ? 8665 combien y a-t-il de décimètres cubes ? Combien de centimètres cubes ? ... 24568948$^{\text{mm. c.}}$ en décimètres cubes, puis en mètres cubes.

10. — Ecrivez en chiffres : trois mètres cubes 28 décimètres cubes ; un mètre cube deux décimètres cubes ; un stère huit décistères ; un décastère neuf décistères.

11. — On achète du café à raison de 320 fr. le quintal métrique, combien devra-t-on vendre l'hectogramme pour gagner 5 centimes sur chaque hectogramme ?

12. — On achète du poivre à raison de 2 fr. 40 le kilogramme. Combien devra-t-on le revendre pour gagner 10 centimes sur un demi-décagramme ?

13. — Un débitant achète un hectolitre d'eau-de-vie d'Armagnac pour 150 fr. Combien devra-t-il vendre le demi-décilitre s'il veut gagner un franc par litre ?

14. — Sachant qu'un centimètre cube d'eau pèse un gramme, on demande le poids : 1° d'un double décilitre ; 2° d'un demi-décalitre, 3° d'un hectolitre.

15. — Si un litre d'alcool pèse 780 grammes, quel est le poids 1° d'un centilitre, 2° de 25 centimètres cubes, 3° de 6 décalitres ?

16. — Dans un des bassins d'une balance on met 3150 fr. 25, savoir : 3100 fr. en or, 50 fr. en argent, et 25 centimes en bronze. Dans l'autre bassin, on place un vase vide pesant 312 gr. 50, puis on y verse de l'eau pour faire l'équilibre. Quelle est en litres et sous-multiples du litre la quantité d'eau versée ?

TABLE DES MATIÈRES.

9 782329 794693